SECRETS OF INFINITY

无穷的奥秘

探索界限的宇宙谜题

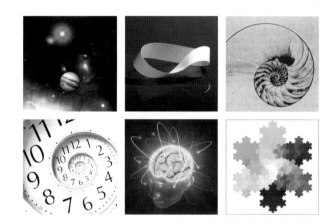

[西] 安东尼奥·拉穆阿（Antonio Lamúa） 编

游振声　许祺苑　陈晓霞　译

重庆大学出版社

Lazy Ant
懒蚂蚁

技术   175

艺术   217

哲学   251

符号学   285

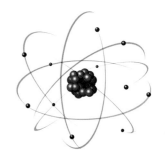

引言

　　无穷（也称无限）的概念不可思议，对于何为无穷，人们的理解千差万别。因此，为一般读者阐明这一概念的最佳方法就是从特定领域入手，看科学、数学、技术、艺术、哲学和符号学等领域是如何探索无穷的。

　　一个重要的起点，也是我们讨论无穷问题的核心，在于人们都认为无穷的事物是永无止境的。除此之外，关于无穷的观点和见解的差异似乎无穷无尽。

　　古罗马和古希腊的古典哲学家们对无穷的概念进行了探索，例如埃利亚的芝诺、巴门尼德、阿基米德和毕达哥拉斯。约公元前 350 年，亚里士多德建立了关于无穷的思想学派，他也因此成为这一学派的主要人物。继他之后，众多学者进一步论证了无穷。

　　亚里士多德研究无穷的最大贡献之一是提出"整体大于其部分之和"。近代数学家格奥尔格·康托尔使用集合论来进一步探索这个概念，现在称之为康托尔定理。

　　关于无穷，还没有哪一套理论或哪一位思想家构建了"完整的"框架。为了探索无穷的真正含义，我们必须分析来自不同来源的多种方法。

　　本书从不同的角度对无穷这一未解之谜进行探讨。尽管无穷之谜仍未解开，但这些探索一定会带来一些启发。

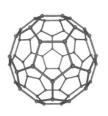

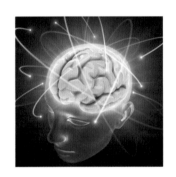

科学

科学

地球生命的构成成分可能来自无限的太空

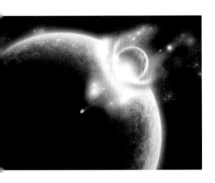

2004 年 1 月，美国国家航空航天局的"星尘号"探测器从"维尔特 2 号"彗星尾部采集到了微量的甘氨酸，这颗彗星位于太阳系深处，距离地球约 2.42 亿英里[①]。这是首次发现彗星中存在甘氨酸（甘氨酸是最简单的天然氨基酸，也是大多数蛋白质的基本构成成分），该发现有力地支撑了地球上生命的构成成分来自外太空的理论。"维尔特 2 号"彗星以天文学家保罗·维尔特的名字命名，人们认为这一类彗星中完好地保存着同太阳系一样古老的物质颗粒，其历史可以追溯到数十亿年前，它们能够告诉人类太阳和行星是如何形成的。

人类对生命起源的探究最初只集中在从地球上存在的有机物质中如何生成氨基酸。然而，之后的研究表明，古时候地球的大气条件非常糟糕，主要由二氧化碳、氮和水组成。一些实验和计算表明，在这样的环境下，生成氨基酸所需的有机分子根本不可能合成。

地球上蛋白质中常见的氨基酸有 20 种，甘氨酸便是其中之一。这些氨基酸呈链状结构相互缠绕形成蛋白质，而蛋白质是调节生物体内化学反应的复杂分子。科学家们一直试图弄清楚这些复杂的有机化合物究竟来自地球还是外太空。这些最新发现则证实了陨石和彗星等外星物体很有可能从宇宙的其他地方将这些构成生命的重要成分带到了地球以及其他行星上。

---

① 　1 英里 =1 609.344 米。——译者注

"星尘号"的任务是首次尝试在月球外收集太空尘埃。据估计，这些微粒年代久远，可以追溯至太阳系的起源时期。

科学

爱因斯坦和平行宇宙假说

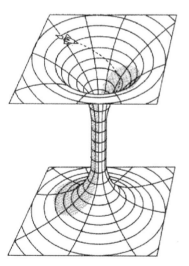

1915年，阿尔伯特·爱因斯坦（1879—1955）提出了广义相对论，重新定义了整个引力概念，物理学中由此出现了一门研究宇宙起源及演化的分支学科——宇宙学。

现代物理学中有两大基石：一是广义相对论，这是一门有关时空和引力的理论，它描述了行星、恒星等天体的运动情况；二是量子力学（包括其发展情况及相关理论），对夸克、原子、光子和中子等微观粒子，以及电磁力、核动力等力的运动情况进行了描述。然而，如果我们试图将这两种理论结合起来，就会出现矛盾；鉴于每一种理论所描述的都只是宇宙的一部分，无法涵盖另一部分，二者的统一似乎是不可能的。

爱因斯坦的相对论首次预言了四维时空和黑洞的存在。然而在1935年，爱因斯坦和他在普林斯顿大学的同事纳森·罗森又一起提出了描述黑洞运行情况的新理论。在他们看来，黑洞并不像人们最初认为的那样只是存在于时空内的一个简单空洞或裂缝，实际上，黑洞是一座桥梁，它将一个宇宙同另一个宇宙连接起来。爱因斯坦和罗森认为，黑洞是通往未知世界和未知纪元的"桥梁"。这一概念则被称为"爱因斯坦-罗森桥"。

"爱因斯坦-罗森桥"是首个被广泛接纳的、主张可能存在平行宇宙或平行维度的科学理论。爱因斯坦和罗森的研究为下一代物理学家深入探索平行宇宙的概念铺平了道路。例如，物理学家休·埃弗雷特三世（1930—1982）曾受到爱因斯坦和罗森的深刻影响；1951年，埃弗雷特提出了"多重世界诠释"。根据这一理论，除了我们自己生存的世界，还有许多世界或宇宙在不断地分裂成彼此无法接近的独立维度。每一个世界或者每一个维度都存在一个不同版本的你，同一时刻，不同版本的你所做的事情也是不同的。

平行宇宙假说是许多科幻小说和科幻电影的灵感源泉。

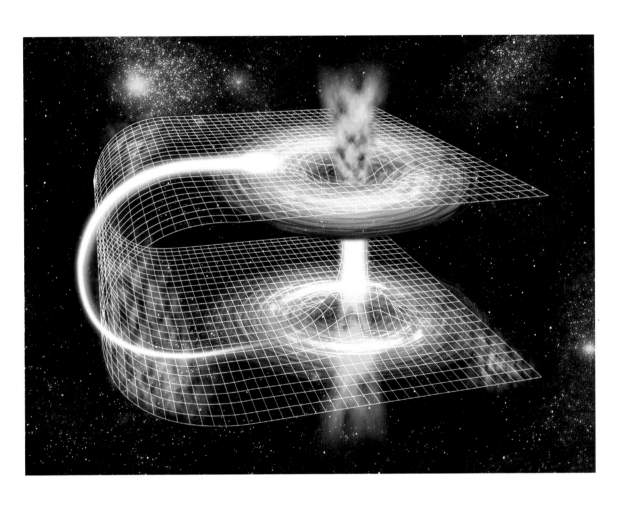

科学

人类大脑的神经可塑性

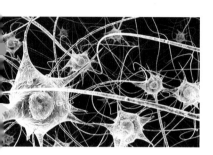

1948年，波兰神经生理学家杰泽·科诺尔斯基（1903—1973）提出了"神经可塑性"一词，但其核心思想最初是由西班牙的圣地亚哥·拉蒙 - 卡哈尔（1852—1934）提出的，即大脑在持续的外界刺激下会发生无限的形态变化。

神经可塑性是指一种让连接神经回路的神经突触（神经元与神经元的接点）的类型、构成、功能和数量发生改变的能力，这种改变是由经验造成的，也就是由外部环境、体内的变化或损伤所引起的。之所以会提出这一概念，是因为在对神经元的活动和构造进行改造的过程中，在神经突触的控制下，神经元会发生永久或长期的改变。

20世纪，神经科学认为人类大脑最古老的结构是静态的，大脑的生理解剖结构也是一成不变的。从这个意义上说，童年期一旦结束，大脑唯一可能发生的变化就是持续地衰老下去。当时，人们相信，当神经元细胞由于死亡或受损停止正常工作时，它们将永远无法更替。

现在我们已经知道，在整个成年时期，人类大脑连接也会发生改变，记忆管理领域也有可能产生新的神经元。根据神经可塑性，心智作用（如学习和回忆）能够改变大脑皮层的激活模式。因此，人类大脑的结构并不是一成不变的，大脑会对个体的生活经验做出反应，这种灵活性，这些不同的反应，正是人脑系统产生适应行为的原因。

神经可塑性是近几十年来一个十分重要的概念，它阐明了人类大脑在应对环境刺激时进行自我组织的方式。

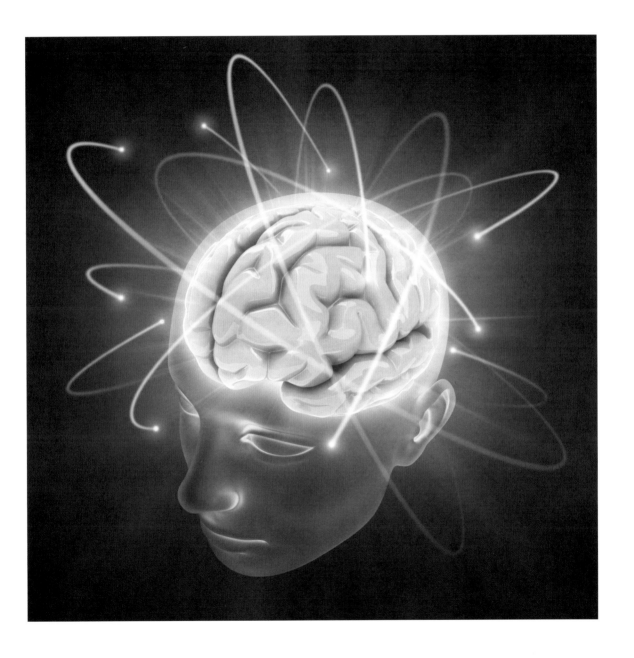

帕斯卡三角形

1653 年，法国哲学家、科学家布莱斯·帕斯卡发表了《论算术三角形》。在这本著作中，帕斯卡描述了这一著名三角形的诸多特性。其实，早在帕斯卡对其运用进行探索的 5 个世纪之前，欧洲已有数学家研究过这一三角形，此外，中国、印度和波斯等东方国家的数学家也对其进行过研究，其中包括著名数学家阿尔·卡拉吉、天文学家及诗人欧玛尔·海亚姆（1048—1131）。早在 1303 年[①]，中国数学家杨辉就介绍过这一三角形，因此，在中国，帕斯卡三角形也被称为杨辉三角。

帕斯卡三角形由以对称模式无限展开的整数组成，起始行数字为 1，之后的数字依序按行排列，每个数字都等于它肩上两个数字之和。假设三角以外的位置数字为 0，那三角形的边就应由数字 1 组成。显然，这一三角永远不会结束：因为数值可以无限扩大，数行也可以无限展开。

帕斯卡三角形的重要性在于它在代数中的各种运用，可以说，围绕这一三角形形成了一个数学微世界。帕斯卡三角形有多种奇特的性质，蕴藏着巨大的数学价值。例如：每一行的数字之和等于上一行数字之和的两倍；第 n 行的数字之和等于 2^n（需将起始行的行数看作 0）；第 n 行的数字与展开二项式 $(a+b)^n$（即牛顿二项式）后所得到的系数对应；并且三角中的每个数字都代表一个组合数的值（如果某数所在列数为 n，行数为 m，那这个数就等于从 n 到 n 个元素中取出 m 个元素的组合数）。此外，素数和斐波那契数列的排列也呈对称模式。

---

① 杨辉三角的提出时间是约 1050 年，这一概念最早在中国南宋数学家杨辉 1261 年所著的《详解九章算法》一书中出现。——译者注

在意大利，这一三角形是以数学家尼科洛·塔尔塔利亚的名字命名的，16 世纪上半叶，这位数学家在一本专著中对其有过描述。一个世纪后，帕斯卡在有关概率论的研究中使用了帕斯卡三角形这一名字，因此，在法国及后来的盎格鲁－撒克逊地区，就以帕斯卡的名字命名这一三角形。

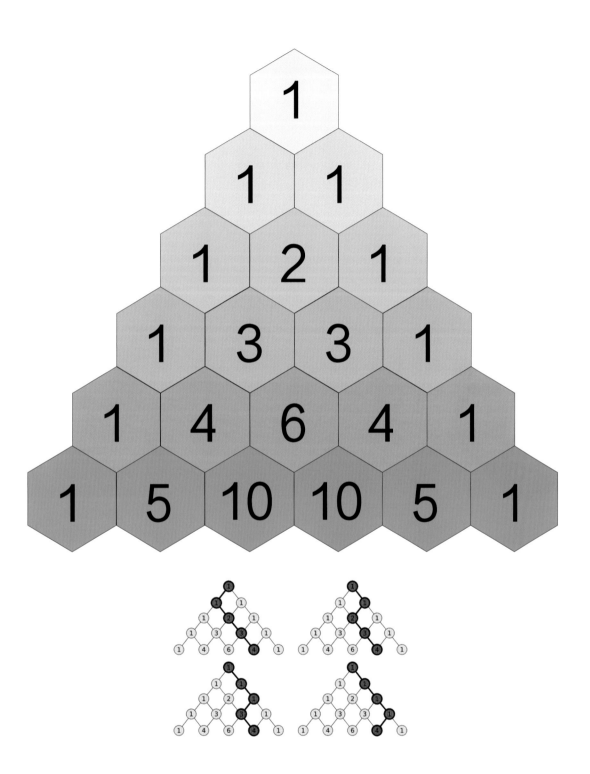

科学

振荡宇宙与大反弹

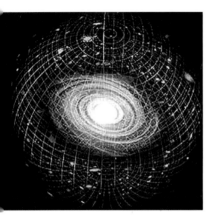

宇宙大塌缩论是怎么工作的？

物理化学、数学物理学教授理查德·C.托尔曼（1881—1948）提出了振荡宇宙假说。根据这一假说，宇宙经历了一系列无穷无尽的振荡，每一次振荡都以大爆炸开始，以大塌缩结束。大爆炸后的一段时间内，宇宙会持续膨胀，直到物质的引力作用产生一种推力，从而使宇宙塌缩，随后又立即发生大反弹。

因此，宇宙可能是由无穷的有限宇宙序列组成的，换句话说，在大塌缩中每消失一个有限宇宙，为了下一个新宇宙的诞生，就会发生一场大爆炸。这表明我们可能生活在所有宇宙的第一个宇宙中，在第20亿个宇宙中，又或是整个无限宇宙序列的任意一个宇宙中。

宇宙大塌缩论与宇宙大爆炸理论相呼应：大爆炸导致了空间的不对称式宇宙膨胀，而宇宙的平均密度足以使宇宙停止膨胀并开始收缩。该循环模型说明大爆炸发生于上一个宇宙出现大塌缩之后，从而造成所谓的振荡宇宙。

这一假说在一段时间内被宇宙学家们广泛接受，他们认为某种力阻止了引力奇点的形成。然而，20世纪60年代，斯蒂芬·霍金、罗杰·彭罗斯和乔治·埃利斯证明，奇点是宇宙的普遍特征，而奇点会发生大爆炸，这与广义相对论并不相悖。从理论上讲，振荡宇宙论并不符合热力学第二定律，即为了不再回到原来的状态，在每次振荡中，熵的值都会增加。其他假说也表明宇宙不是有限的，并证明我们的宇宙将会发生一次大冻结或大热寂，而不是大塌缩。但是，这并不排除大爆炸发生在大塌缩之后的可能性。霍金的观点使宇宙学家放弃了振荡宇宙模型，但在近几年的宇宙学中，这一模型又作为宇宙的循环模型再次出现。

根据理查德·C.托尔曼的振荡理论，我们的宇宙可能是某个宇宙序列中的最后一个，也就是说，宇宙不存在单一的源点；宇宙被不断创生又不断被毁灭。

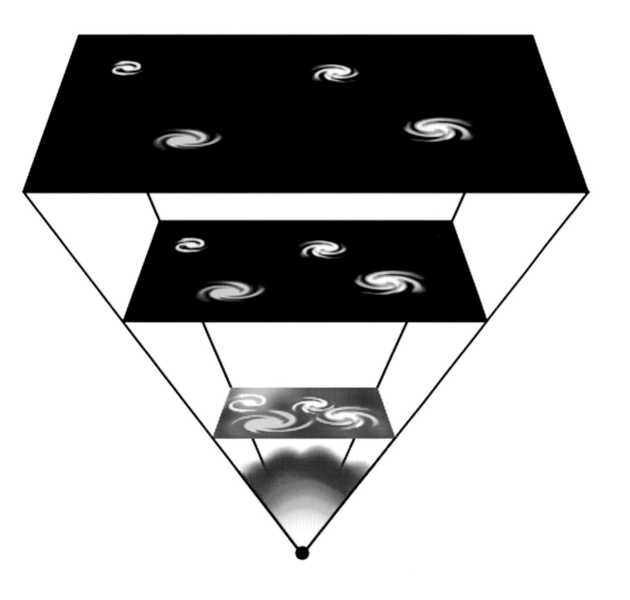

科学

"瑞利-金斯"紫外灾变

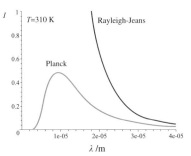

$$I\left(\lambda\right)\mathrm{d}\lambda=\frac{2\pi ckT}{\lambda^4}\mathrm{d}\lambda$$

19世纪晚期，一个根本性的问题让科学家们困惑不已，即运用经典物理学并不能合理地解释黑体辐射。黑体是一种理想固体，能够将接收到的所有辐射全部吸收，包括可见光，因此黑体看起来呈黑色。然而，这种物体会发出不可见的电磁辐射，辐射频率（和相应的波长）取决于该物体自身的温度和构成。

根据经典物理学理论的预想，理想黑体在所有频段都会发出辐射，因此随着频率的增加，黑体释放的能量应当随着波长的缩短呈指数增长。1900年，英国理论家约翰·瑞利和詹姆斯·金斯根据黑体辐射的波长对黑体辐射能量的分布情况进行了实验研究，结果出人意料。对于低频区域（红外区域）而言，上述理论是成立的；但在紫外区域，当频率增至某一点时，黑体辐射的能量就会停止增长，转而开始减小，渐趋于零。简言之，黑体辐射的能量在波长为2 000纳米左右时达到最大值，波长增长或缩短时，能量都会减小，根本不符合经典物理学理论的观测结果。这就是著名的"紫外灾变"，之所以称之为"紫外灾变"，正是因为短波区域（紫外区域）的实验结果明显不符合电磁波理论的推论。

马克斯·普朗克创立的量子物理学成功地解决了紫外灾变难题。他提出一个革命性的观点，即能量是不连续的。普朗克认为，能量的发射或吸收都是不连续的，需要以能量包或量子的形式实现，而发射或吸收的能量只能是辐射频率的整数倍。他还构建出一个与黑体辐射实验结果完全吻合的数学公式（普朗克定律），在这个公式中，普朗克引入了常数 h，以著名的公式 $E=hf$ 建立起了光子能量与波频 f 之间的联系。

据说，当马克斯·普朗克发现这一定律时，他一直在犹豫是否要接受它，并且他从来没有设想过这一定律的适用领域，直到他那位在当时还相对不知名的朋友阿尔伯特·爱因斯坦成功地说服了他。

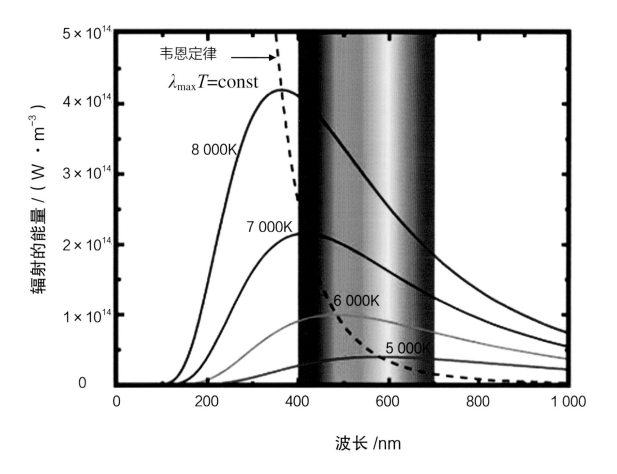

科学　　　　　　　　**考纽螺线**

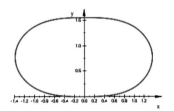

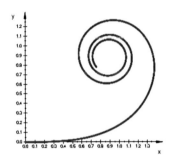

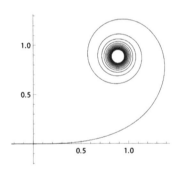

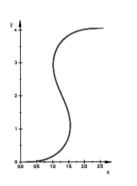

马里·阿尔弗雷德·考纽（1841—1902），法国物理学家，曾就读于巴黎综合理工学院，毕业后于 1867 年开始担任该校的实验物理学教授。

虽然他曾多次涉足其他物理科学分支，包括 1870 年与同事让·巴普迪斯丁·贝雷一起重复亨利·卡文迪什的实验以确定引力常量 G 的值，但他的工作还是主要集中在光学和光谱学领域。值得一提的是，他重新测定了光的速度（继菲佐的方法之后），其测算方法有若干改进之处，极大地提高了结果的准确性。正是因为这项成就，考纽被授予拉卡兹奖、法国科学院院士称号以及英格兰皇家学会拉姆福德奖章。

这一著名的螺线以考纽的名字命名，尽管此前已有学者对其进行过讨论，例如 1744 年，欧拉便用它来解决伯努利提出的一个问题（伯努利也在 1696 年左右对其有过研究），而考纽是在研究光的衍射时运用了这一螺线。

考纽螺线是一条双螺旋平缓曲线，具有中心对称性。从零曲率和无限半径的原点（点 *O*）出发，曲率半径随着两臂的增长而减小，这样，曲率半径与弧度之间的乘积会保持恒定。因此，螺线的两臂扭曲并趋向于在半径为零的两个可预测点处会合，但在这之前，它们需要经过无数次旋转，曲线将达到无限长。

这是考纽螺线的数学方程式：

$$p \times s = C$$

式中，*p* 是曲率半径，*s* 是弧度，*C* 是螺线常数。

考纽螺线的神奇之处在于螺线上任意一点的曲率都与原点至该点的弧度成正比。以恒定速度沿曲线行驶的车辆具有恒定的角加速度，因此，在规划公路或铁路轨道时，以考纽螺线作为缓和曲线十分有用。此外，考纽螺线的截段在过山车的设计中也很常用。

在高速公路岔路口或直线路段间的连接处都可能发现考纽螺线，因为考纽螺线可以在没有产生离心力的情况下就从直线（无限半径）过渡到圆周（有限半径）。

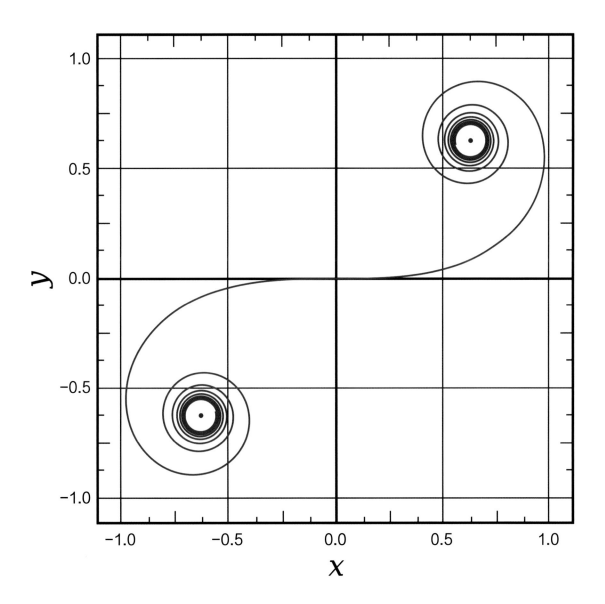

科学

最遥远最深邃的宇宙影像

大多数研究、调查和理论都认为，使宇宙得以诞生的爆炸，即所谓的"宇宙大爆炸"，发生在 137 亿年前。

左边的图像让我们陷入沉思：或许在宇宙诞生之初这些星系就早已存在。这幅图像反映数百万光年之外的景象，描绘创世的起源，向我们展现未曾见过的深邃存在。该图从属于一套图片，这套图片为研究宇宙的形成和宇宙的早期历史提供了科学数据。

美国国家航空航天局该次任务的主要影像由一台独特的相机完成，航天飞机最后一次维护哈勃空间望远镜时在这台相机上安装了 WFC3 / IR 广角镜头。据美国国家航空航天局称，这台相机的高性能使它能够洞察到宇宙中最遥远的地方。

图像中的这些恒星所发出的光以每秒 18.6 万英里（约合 30 万千米／秒）的速度在太空中传播。而这张图像只不过是对遥远的过去、对几十亿年前某一瞬间的匆匆一瞥。如今，诸如星系、恒星或脉冲星这些可以观测到的要素早已不在同一个地方了。

第三代广域照相机（WFC3）是哈勃空间望远镜中最先进的仪器，可用于拍摄可见光谱。WFC3 安装于 2009 年 5 月，其目的是取代第二代广域行星照相机。

科学

奥伯斯悖论

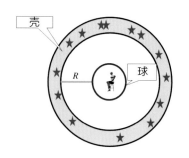

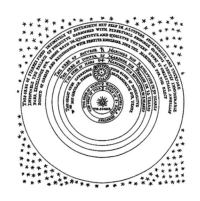

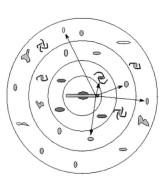

奥伯斯悖论以德国医生、天文学家海因里希·威廉·奥伯斯的名字命名，他于1823年发表了相关论文。这一悖论源于牛顿宇宙论的矛盾性。在牛顿看来，宇宙是完全静态的，也就是说，宇宙是平直的，且没有起点。然而，这种静态意味着宇宙中的所有恒星将无限均匀地排列分布。

悖论的关键在于，夜空是黑暗的，然而宇宙是无限的，这两个事实相互矛盾。如果这两种断言都是真的，那么从地球上无论望向天空哪一位置都应该看到一颗恒星，这样，天空应该是完全明亮的。然而，天文学家们都很清楚恒星之间的空间是黑暗的。

在奥伯斯对黑夜与无限宇宙之间的矛盾展开讨论之前，这一悖论已为人所知。17世纪初，天文学家约翰内斯·开普勒便提出了这一悖论，以此证明他的宇宙无限论。1715年，英国思想家埃德蒙·哈雷确定了天空中存在一些明亮的区域，并指出夜间天空的亮度并不均匀，这是因为，虽然宇宙是无限的，但恒星的分布并不均匀。1743年，让-菲利普·路易斯·德·夏西亚克斯提出，要么恒星的分布领域不是无限的，要么光的强度随着距离的增加而减弱，出现后者的原因可能是太空中存在某种吸收光子的物质。

大约一个世纪后，奥伯斯提出，太空之所以是黑暗的，是因为太空中有某种物质阻挡了本应到达地球的大部分星光。科学家们否认这一理论，他们认为，如果有某种物质阻挡了星光，那么随着时间的推移，该物质就会变热，最终会像恒星一样发出明亮的光芒。

1948年，天文学家赫尔曼·邦迪假设宇宙膨胀导致来自远处的光呈红色，因此，每个光子或光粒子中蕴含的能量较少。20世纪60年代，爱德华·哈里森最终证明夜空之所以黑暗，是因为我们看不到那些无限远处的恒星。这一回答是否有效取决于宇宙的年龄是否无限，因为星光到达地球需要一定的时间。在地球上望向天空并不都能看到星星，这是因为来自更遥远恒星的光尚未到达地球，这是导致奥伯斯悖论的必要元素，也就是说，在宇宙的生命周期中，恒星还没能发出足够多的能量使天空在夜间也能明亮如昼。

海因里希·威廉·奥伯斯（1758—1840）取得了重大的科学成就，包括发现小行星灶神星和智神星（太阳系第三大行星），此外，他还提出了计算彗星轨道的巧妙方法。

科学

哈勃空间望远镜

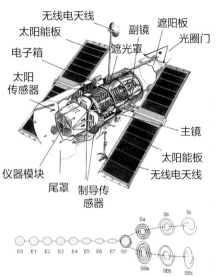

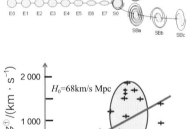

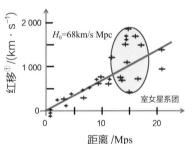

过去 20 年间，哈勃空间望远镜彻底改变了人类观察无限宇宙的方式。并且，自 4 个世纪前伽利略对夜空进行观察以来，从许多方面看，哈勃空间望远镜都是最具影响力的发明。

以天文学家埃德温·哈勃的名字命名的哈勃空间望远镜是美国国家航空航天局和欧洲航天局的联合项目，于 1990 年 4 月 24 日发射到太空中。根据设想，哈勃空间望远镜可以通过航天飞机修复受损物件、安装新仪器及进行轨道维持。

在抛光望远镜主镜时，一个小失误使哈勃空间望远镜最初拍摄到的图像有些微模糊。当时，这一失误被认为是该项目的重大疏忽。1993 年 12 月，"奋进号"航天飞机执行了首次哈勃空间望远镜维护任务，并在本次维护中安装了光学矫正系统，使主镜的缺陷得以修复。在 2009 年的第五次也是最后一次维护任务后，哈勃空间望远镜预计将至少使用至 2021 年，按计划，届时将发射詹姆斯·韦布太空望远镜。

第一次维护任务便证明哈勃空间望远镜无与伦比，它肩负观测宇宙的任务，其观测结果影响我们对这个不断膨胀的宇宙的认识。在那些最重要的天文学成果中，被科学家称为"暗能量"的物质又尤为重要。"暗能量"之谜一旦解开，物理学可能会被彻底颠覆，宇宙起源的新理论会随之兴起，甚至能使某些关于宇宙宿命的推测真伪立辨。哈勃空间望远镜提供的许多影像让我们能够密切观测恒星的生命周期，其中最著名的一幅影像大概就是所谓的"创生柱"——位于鹰星云（M16）内的气柱，在那里一群新的恒星正在诞生。

哈勃空间望远镜的重要性毋庸置疑，也前所未有。随着我们对它所记录的影像进行进一步分析，这位"星际信使"必将带给我们更多重要的发现。

---

① 红移是专业术语，与蓝移相对应，红移意味着物体离我们越来越远。——译者注

哈勃空间望远镜以埃德温·哈勃（1889—1953）的名字命名，埃德温·哈勃是 20 世纪美国最重要的天文学家之一，被认为是观测宇宙学之父。

威廉·佩珀雷尔和以太

哲学家威廉·佩珀雷尔·蒙塔古（1873—1953）提出，太空是静止且无限的，但其惊人的多维性被其简单性所抵消。蒙塔古认为太空中充满了一种不变的、看不见的连续物质，叫作以太（也叫乙太，光以太），它引导光波从一颗恒星传播到另一颗恒星，从一个原子传播到另一个原子。

在爱因斯坦提出著名的相对论之前，苏格兰物理学家詹姆斯·克拉克·麦克斯韦（1831—1879）在《不列颠百科全书》中撰写了一篇关于以太存在的文章，文中这样写道："毫无疑问，星际空间充斥着某种物质或物体，而这种物质或物体的数量无疑是我们已知的所有物质或物体中最多的。"

当时人们认为，由于光速取决于介质的密度，当通过密度较大的介质时，光速会减慢，因此，以太的密度应该小到可以忽略不计，且弹性系数很大。以太，因其与亚里士多德提出的假想物质类似而得名，曾被认为是光波在空间中传播的介质。

根据假设，通过适当的实验，以静止的以太作为参照物，可以测算出地球和太阳系运行的方向和速度。人们认为空间由物质和能量组成；无限的时间是基础，仅由时间本身"组成"，与空间有关，但并不是空间的一部分。当两个物体相撞并反弹时，一部分运动或能量就会穿过以太，以光波或辐射热的形式消散。然而，这种推理被证明是毫无意义的。

1887年，阿尔伯特·迈克尔逊（1852—1931）和爱德华·莫雷（1838—1923）进行了一项验证以太存在与否的实验，结果是否定的；20世纪20年代晚期，格奥尔格·朱斯（1894—1959）又重复了这一实验，最终证明以太并不存在，这为爱因斯坦狭义相对论的形成奠定了基础。

亚里士多德（公元前384—前322）认为，以太是构成月上世界的物质元素，而月下世界则由著名的四大元素构成：空气、火、水和土。

科学

无法阻挡的力量悖论

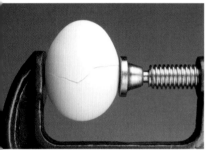

无法阻挡的力量悖论是一个自相矛盾的命题，讨论的是当一股无法阻挡的力量与一个无法移动的物体相撞时会发生什么。该悖论收录在艾萨克·阿西莫夫所著《关于科学的 100 个基本问题》一书中。该书还记录了这位科学家在《科学文摘》的"艾萨克·阿西莫夫来解释"一栏中就此问题给读者所作的回答。

对这一悖论的普遍解释要么诉诸逻辑，要么诉诸语义。按照基本逻辑，不可移动的物体和无法阻挡的力量都被默认为是不可摧毁的。还需假定这两者是分别存在的，因为无法阻挡的力量暗示着它同时也是一个无法移动的物体，反之亦然。悖论的产生显然是因为两个前提（存在无法阻挡的力量和无法移动的物体）不能同时成立。如果有一种无法阻挡的力量存在，这就意味着不可能存在任何无法移动的物体，反之亦然。从语义学上讲，如果存在这样一种无法阻挡的力量，那么在这种语境下谈论无法移动的物体就太荒谬了，反之亦然。这好比要找出一个四边三角形，或者追问当二加二等于五时会怎样。

无法阻挡的力量悖论被视作一种逻辑推演，而不是对现实中可能情况的假设。按现代科学的观点，实际上并不可能存在无法阻挡的力量或无法移动的物体。无法移动的物体的惯性应当是无限大的，因此，其质量也应当无限大。这样的物体会在其自身的重力作用下坍塌并形成奇点。无法阻挡的力量意味着无限的能量，根据阿尔伯特·爱因斯坦著名的方程式，这就意味着其质量也是无限大的。

对于这一悖论的另一种解答是，这样的物体会永远地存在下去，因为依据其定义，无法阻挡的力量就是无法移动的物体。

艾萨克·阿西莫夫（1920—1992），生物化学家、作家，擅长科幻小说和科普文学创作，被公认为"机器人学三定律"之父。

科学

真空涨落

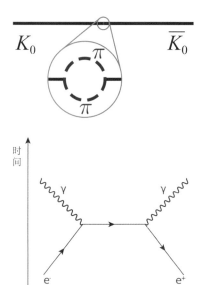

20 世纪 60 年代后期，哥伦比亚大学一位名叫爱德华·特莱恩的年轻教授参加了一场由当时最具影响力的英国宇宙学家丹尼斯·夏玛举办的研讨会。会间休息时，特莱恩大声宣称，也许宇宙是一场真空涨落。这位年轻的物理学家很认真地提出了自己的意见，却被夏玛当成了笑话。哥伦比亚大学的这间教室见证了首个试图解答宇宙起源之谜的科学思想的诞生——宇宙大爆炸前的瞬间可能发生了什么。

夏玛的嘲笑让特莱恩放弃了自己的想法。直到 1973 年，特莱恩才在《自然》杂志上发表了一篇题为"宇宙是一场真空涨落吗？"的文章。他的中心论点是，宇宙的所有能量，包括宇宙中所有物体的质量，正好与宇宙的引力能相抵消。根据定义，引力能为负，也就是说，宇宙中所有能量的总和为零，这样，宇宙简直就是"无"中生"有"。最重要的是，这种"无"中生"有"并不违反任何物理定律。

根据量子力学，真空并非空无一物，而是充满了所谓的虚粒子和反粒子，它们随机产生并随机毁灭。在微观区域，电子和正电子会突然出现，又立即在很短的时间内湮灭，因此很难检测到电子和正电子的存在：这一过程就叫作真空量子涨落。特莱恩当时想要告诉我们的是，整个宇宙都是以这种方式出现的。他用下面这句话完美地总结了自己的理念："宇宙时不时就会发生。"

爱德华·特莱恩是曼哈顿亨特学院的一名物理学教授，专门研究夸克、广义相对论和宇宙学模型。

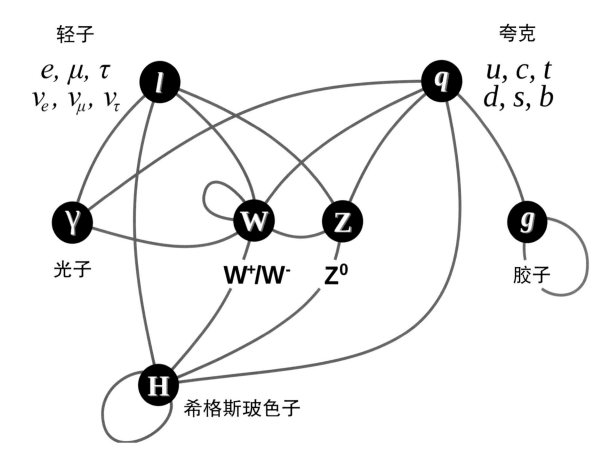

科学

生物圈中最古老的生物

一群科学家在地中海发现了目前已知的最古老的生物：波西多尼亚海草，一个地中海特有的、可以存活 20 万年的濒危物种。2006 年，在巴利阿里群岛一片面积约为 270 平方英里（约 700 平方公里）的草甸上发现了一株波西多尼亚海草，据估计这株海草已经存活了 10 万年。在此之前，塔斯马尼亚岛上一棵 43 000 多年的灌木被认为是存活时间最长的生物。

在地中海地区，到处可见大片的海草草甸，这些海草遵循单一的遗传谱系，也就是说所有的海草实际上都是在这里生根发芽的第一株海草的无性繁殖后代。与其他海洋被子植物（开花植物）一样，波西多尼亚海草也是无性繁殖。

无性繁殖过程包括分生组织（生成新细胞的区域）和根茎的连续分裂。一方面，波西多尼亚海草的碎片（通常是茎干）同许多花园植物的插枝一样，可以长成完整的植物。此外，这种海草的根茎是一种地下茎，可以积聚养分并平行于地面生长，根茎处又可以长出新的茎，这就让波西多尼亚海草能够覆盖一大片区域。一般来说，波西多尼亚海草的根茎最终会继续分裂和分离，已经长出的海草会存活下去，实际上，它们是彼此的无性繁殖后代。这种海草的无性生长过程缓慢，据估计，要覆盖目前的区域，第一株海草必须至少存活了 12 500 年，而更靠谱的估计则为 20 万年左右。

波西多尼亚海草是地中海生态系统中必不可少的一部分，它能净化水，为众多物种提供食物，此外，它在保护海岸线免受侵蚀方面也发挥了重要的作用。此项研究的发起人借机指出，波西多尼亚海草的数量正在减少。不断升高的水温和酸度影响了该物种的生长。此外，船舶（特别是游船）的螺旋桨，就好似刈草机修剪草坪一样，将这些海草削平了。

波西多尼亚海草是地球上最古老的生物，也是地中海生态系统中一种十分重要的海洋植物。

科学

傅科摆

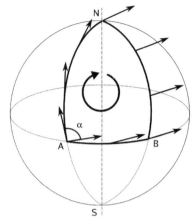

让·伯纳德·莱昂·傅科（1819—1868），法国物理学家，曾进行了科学史上最精彩的一场实验：用一个钟摆证明了地球自转。

之前，傅科已经在巴黎天文台的工作室里试验过几次。1851 年 3 月 26 日，世界博览会期间，傅科在巴黎先贤祠做了一次公开演示。他用一根 219 英尺①（约 67 米）长的钢索在先贤祠的穹顶下悬挂了一个重达 62 磅②（约 28 千克）的铁球。铁球的摆动周期（铁球摆动的往返时间）为 16 秒。

为了使铁球开始摆动，他先让铁球偏离其垂直位置，并用绳索将其固定住。之后将绳子点燃，当燃烧充分时，绳子就会自动断裂，铁球随即开始摆动。这样，除了铁球自身的摆动，其他任何方向的动量干扰就能避免。

在悬挂点下方，有一滩半径约为 10 英尺（约 3 米）的湿沙，置于铁球底部的金属针在湿沙上画出了铁球的运动路径。该摆球没有安装任何装置用以补偿与空气摩擦造成的能量损失，因此每五六个小时需要一次新的冲击。数分钟内，针迹变密集；数小时内，针迹扫过的扇区超过 60 度，换言之，摆动面转动了 60 多度。

所处纬度不同，摆动面旋转一周所需的时间也会不同。如果将摆安装在北极，摆动面的转动速度与地球的自转速度相同，也就是说，摆动面旋转一周需要 24 个小时。相反，如果在赤道，摆球可以摆动无限次，因为它无需经历旋转的过程。巴黎先贤祠的摆球每天旋转 270 度，需要 32 个小时才能转完一周。

---

① 1 英尺 =0.304 8 米。——译者注
② 1 磅 =0.453 592 37 千克。——译者注

傅科摆仍然放置在巴黎先贤祠内，此外，在许多科学博物馆以及纽约的联合国大厦里都可以看到傅科摆的复制品，并能观察到它是如何运动的。

科学

穿过银河系的气体环

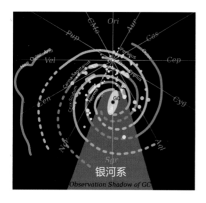

银河系
Observation Shadow of GC

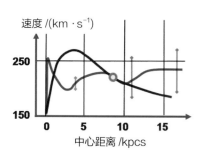

英仙座
太阳轨道
射手座
银河系中心
不可观测区域
矩尺星座
本地旋臂
盾牌座 - 南十字座

速度 /(km·s⁻¹)

250

150

0　5　10　15
中心距离 /kpcs

一队天文学家发现银河系中心的恒星显现出数学中代表无穷大的符号的形状（∞）。赫歇尔远红外线太空望远镜从太空深处捕捉到了一组影像，影像中的气体和星际尘埃的形状酷似数学上代表无穷大的符号。

在此之前，天文学家们只能窥见这枚 600 光年之外的气体环的一部分。赫歇尔远红外线太空望远镜由欧洲航天局与美国国家航空航天局合作研发，于 2009 年 5 月发射到太空。该望远镜首次成功捕捉到了这枚气体环的全景。在影像中，可以清楚地看到一个由寒冷而稠密的气体和宇宙尘埃混合形成的气体环。环中还有新生恒星正在形成，同时，该望远镜拍摄到的影像显示，这一带的温度只有 15 K[①]，即 - 461 ℉[②]。

日本野边山射电望远镜的观测结果显示，以银河系为参照，气体环以恒速抱团运动。这枚气体环位于所谓的 "银河棒" 的中心，这片区域被银河系的螺旋臂紧紧环绕，恒星数量众多。反过来，"银河棒" 又嵌于一个更大的气体环之中。

科学界尚未详细描述螺旋星系中的棒状结构和环状结构是怎样形成的，但计算机模拟展示了这两种结构是如何在引力相互作用下生成的。例如，银河系中心的棒状结构的形成可能是受到了银河系的邻居——仙女座星系的影响。

①　1 K=-272.15 ℃。——译者注
②　1 ℉ =-17.222 222 222 ℃。——译者注

赫歇尔轨道望远镜以德国天文学家弗里德里希·威廉·赫歇尔（Friedrich Wilhelm Herschel, 1738—1822）的名字命名，赫歇尔是天王星和大量天体的发现者。

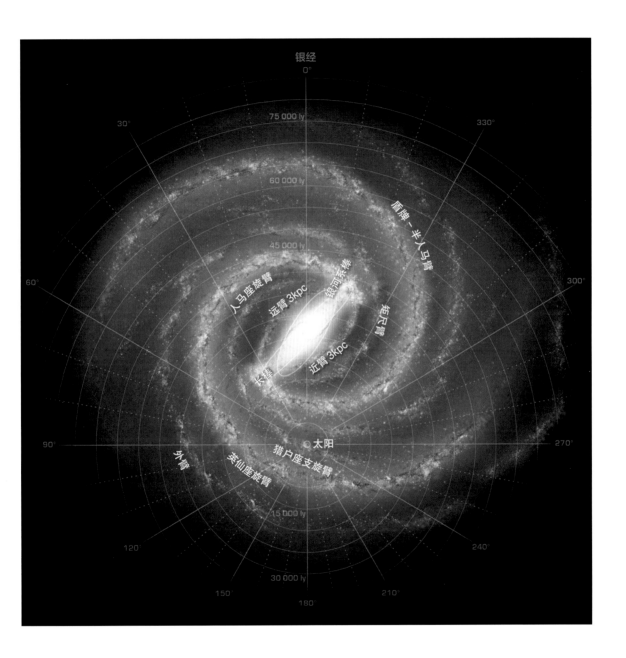

科学

永生不死的水母

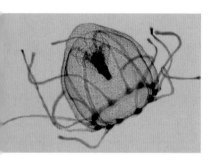

不同于其他任何动物，灯塔水母在成年后的一定时间内不会死亡：它的细胞会重组，恢复到幼年阶段的水螅形态，之后又再次成熟。这就好比一只蝴蝶又变回了毛毛虫。

在成年阶段，如果水温下降或者食物短缺，灯塔水母会带着身上所有已老化、分化的细胞沉到海床上，就像死去了一般。但它没有死，只是转换了形态：它的器官和肌肉消失了，几个小时后整个身体都不见了，只剩下一堆未分化的细胞。之后，这堆不成形的细胞将会重组并重生，成为一只新的水螅虫。

在灯塔水母退化为水螅虫的过程中，最不同寻常的就是它的细胞所发生的变化。通常，每个细胞都有其明确的功能和形态，但灯塔水母的细胞却能够抛弃其特定的功能，重新获得一种近似胚胎的能力，以生成新型细胞。一个微小的水母细胞可以成为新水螅虫的神经细胞，这一过程违反了生物学定律——让已分化的细胞发生改变，在细胞分化前又让它们回到之前的阶段。这一现象被称为分化转移；一些动物能再生某些器官或组织，比如蝾螈或海星。然而，灯塔水母是唯一已知的能够反反复复进行全身再生的生物。

实验室研究表明，每一只灯塔水母样本都成熟、重生了几十次，并且在这些变化中其特性和能力还能完好地保留下来。研究人员不得不得出这样的结论：自然死亡根本不适用于这种生物。尽管拥有这样的能力，大多数灯塔水母还是无法躲避浮游生物通常会面临的生命威胁，比如被吃掉或患病。

这一不可思议的生物存在已经为人所知几十年了。近年来，人们对它开展了原生基因和生物学研究，试图解开其永生的奥秘。

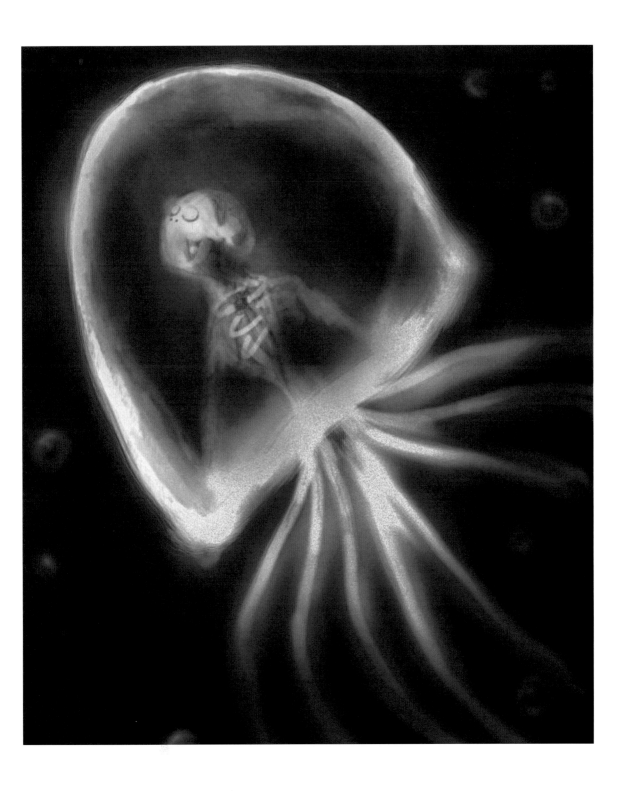

暗物质，无限的推动力

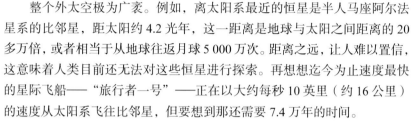

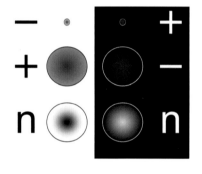

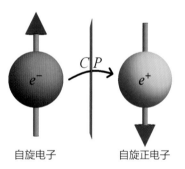

自旋电子   自旋正电子

整个外太空极为广袤。例如，离太阳系最近的恒星是半人马座阿尔法星系的比邻星，距太阳约 4.2 光年，这一距离是地球与太阳之间距离的 20 多万倍，或者相当于从地球往返月球 5 000 万次。距离之远，让人难以置信，这意味着人类目前还无法对这些恒星进行探索。再想想迄今为止速度最快的星际飞船——"旅行者一号"——正在以大约每秒 10 英里（约 16 公里）的速度从太阳系飞往比邻星，但要想到那还需要 7.4 万年的时间。

我们需要一艘能以光速穿越宇宙的飞船，这样人类才能在有生之年到达这些恒星。人们提出了各种各样的建议，例如以氢弹爆炸作为驱动的飞船，或者以物质和反物质的湮灭作为推力，甚至还有用激光推进的大型飞船（船上装有巨大的反射帆）。

遗憾的是，这些设想都各有弊端，至于它们能否行驶这么远的距离还值得商榷，但是科学家们一直在研究怎样才能到达这些恒星。例如，纽约大学的物理学家刘佳设计出了一种由暗物质驱动的宇宙飞船。

由于宇宙中的暗物质非常丰富，刘佳便设想出一种能在行驶途中获取燃料的火箭，自主实现燃料的无限性。依大多数模型来看，暗物质粒子就是自身的反粒子。因此，当暗物质粒子发生碰撞时，它们会衰变生成重子物质的次级粒子，这种粒子可以被牵引至飞船尾部，从而产生推动力。按照最佳估计，不出几日飞船就能以光速飞行。

美国物理学家罗伯特·巴萨德曾设想通过火箭产生的磁场捕获星际空间中的氢气，刘佳便是从中获得了设计这样一艘暗物质宇宙飞船的灵感。

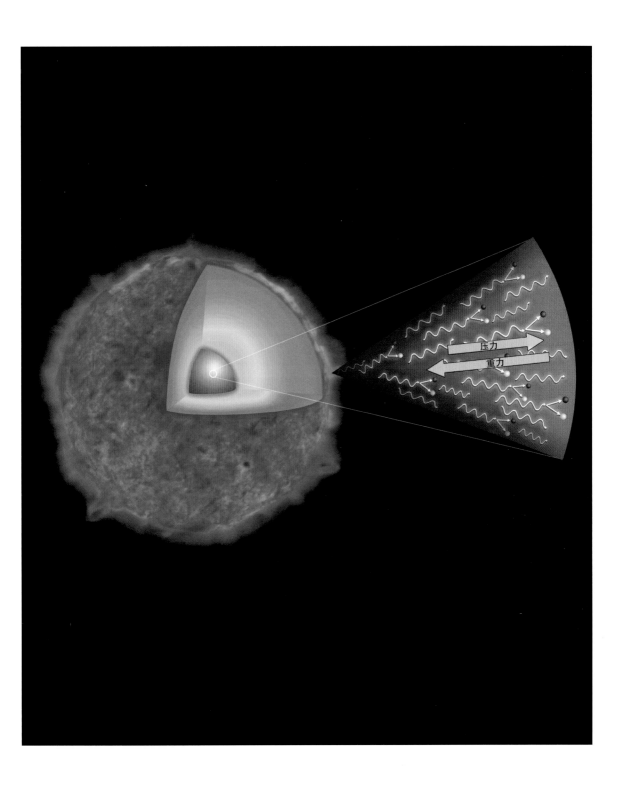

无限恐惧症

无限恐惧症指对无限或广袤且无限的事物会产生一种持续、不正常或不合理的恐惧。"阿派朗"是希腊词，意为无限大或广袤、无限定的物质。"恐惧症"一词源于福波斯（在希腊神话中，福波斯是恐惧的化身，他是阿瑞斯和阿弗罗狄忒的儿子），在心理学上指一种情绪紊乱，表现为对某个对象或情境怀有强烈的、过度的恐惧。开放空间恐惧症（广场恐惧症）和封闭空间恐惧症（幽闭恐惧症）是两种最有名的恐惧症。恐惧症一般被归为焦虑症，因为恐惧症具有焦虑症的主要症状。

几乎任何事物都可能导致恐惧症，并且罕见的恐惧症种类很多，正如这里讨论的无限恐惧症。无限恐惧症指当主体面临无限的事物时，比如注视宇宙时，会产生一种恐惧感。无限恐惧症患者喜欢将界限和距离划定清楚，并且喜欢可被预测的事物。

恐惧症患者往往会避免陷入让他们感到恐惧的情境之中，并且，他们能清楚地认识到这种恐惧是过度且不合理的，但他们控制不了。如果暴露在恐惧刺激中，患者通常会出现身体不适，例如控制不住地颤抖、眩晕、出汗过多、心悸等。在最极端的情况下，还有可能出现惊恐发作的症状。

尽管大部分的恐惧症患者都能意识到自己的恐惧是过度或不合理的，但是当他们面对令自己恐惧的事物时，仍然会出现强烈的情绪反应。

科学

狄拉克海

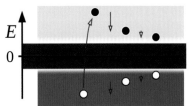

保罗·狄拉克（1902—1984），物理学家，对量子力学和量子电动力学的初步发展做出了重要贡献。他建立了狄拉克方程，该方程描述费米子的行为模式，并预言反物质的存在。正是因为狄拉克对原子论所做的贡献，1933 年，他与埃尔温·薛定谔共同被授予了诺贝尔物理学奖。

在研究量子力学时，狄拉克构建出了狄拉克方程，从而孕育出狄拉克海的概念。狄拉克方程的解非比寻常，能够预测到负能量粒子的存在。这些粒子现在被称为虚粒子（"虚"这一术语被用于与"实"相对）。

在我们的参考系中，真空中的点能量为零，狄拉克由此假设有负能态的存在，而宇宙空间仅仅是所有负能态的总和。此外，根据相对论，能量 = 静止质量 × 光速^2（静止质量和光速^{2}为正数，因此能量 > 0），由于这些负能态的总能量小于粒子的静止质量，这些粒子就完全变成虚拟的，不复存在，这就是真空中"空无一物"的原因。

由此可见，狄拉克海由虚粒子构成，就像水滴填满海洋一样，虚粒子"填满"了真空。

虚粒子有时能短暂地存在一会儿。之所以会出现这种现象，是因为当能量波动时，这些粒子恰好有足够多的能量来"产生"自身的静止质量。但是，所有这些运动都必须遵守电荷守恒定律和能量守恒定律。正是由于这些守恒定律，狄拉克才能预测到正电子（电子的反粒子）的存在；数年以后，确实从实验中检测到了正电子的存在。

1932 年，安德森等人在实验中发现了正电子（即电子的反粒子）的存在，在此之前，正电子曾被认为是狄拉克海中的一个空洞。

科学

艾萨克·牛顿的无限宇宙论

PHILOSOPHIÆ
NATURALIS
PRINCIPIA
MATHEMATICA·

Autore JS. NEWTON, Trin. Coll. Cantab. Soc. Mathesos
Professore Lucasiano, & Societatis Regalis Sodali.

IMPRIMATUR·
S. PEPYS, Reg. Soc. PRÆSES.
Julii 5. 1686.

LONDINI,

Jussu Societatis Regiæ ac Typis Josephi Streater. Prostat apud
plures Bibliopolas. Anno MDCLXXXVII.

艾萨克·牛顿爵士（1642—1727），物理学家、发明家和数学家，著有《原理》[①]一书。牛顿在《原理》中描述了万有引力定律，并通过牛顿定律奠定了经典力学的基础。他在光的性质、光学以及数学计算发展方面也有许多发现，并首次证明了控制地球运动的自然规律与控制所有天体运动的自然规律相同。因此，牛顿常被视为历史上最伟大的科学家，而他的研究则代表了科学革命的巅峰。

《原理》于1687年出版；本书以一个完美的数学结构将伽利略在地面力学方面的发现同开普勒对行星运动的描述统一起来，成功解释了日常生活中我们身边的事物是如何运动的，以及行星是如何在轨道上运行的。无限宇宙论的许多预言都准得惊人，例如对哈雷彗星出现频率的成功预测，因此，牛顿力学被视为对物理现实的权威描述。在牛顿看来，天体运动是引力作用的结果，牛顿的万有引力定律以及他提出的其他三个运动定律为我们解开了这个宇宙的许多奥秘。

然而，1692年，理查德·本特利告知了牛顿一个不可忽视的悖论：由于万有引力始终具有吸引作用，一个由恒星组成的有限宇宙不可避免地会发生崩塌，最终崩落在这个宇宙的质量中心并呈球状聚成一团。牛顿反驳道，宇宙应当是无限的，而物质均匀地分布在宇宙中。因此，四面八方的力会以同等的强度将宇宙中的每一部分都吸引到一起。这样，所有的力都会相互抵消，也就是说，宇宙应当不存在质量中心。

---

① 《原理》全称是《自然哲学之数学原理》。——译者注

根据牛顿的观点，"无限"由三种无限的元素组成：绝对空间、绝对时间和物质。因此，在力学原理和万有引力原理中，很有必要将宇宙定义为一种无限的存在。

科学　　　　　　　　　# 时空维度

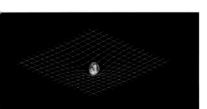

　　时空维度是一个几何体，宇宙中所有的物理事件都在此空间发生。爱因斯坦 1905 年提出的相对论认为，空间和时间并不是两个分开的概念，二者紧密相连。宇宙中有三种可观测的空间物理维度（高度、长度、深度）；为了强调将时间视为另一个几何维度的必然性，可以推论出时间是第四维度，而时空是一个四维空间。因此，我们才有"时空连续体"之说。

　　在无限空间的概念中，时间也具备了相应的性质，也就是说，时间依附于时空几何体，而时空几何体又受到物质存在的影响。实际上，广义相对论预言，宇宙中的万有引力源于由质量导致的时空弯曲。同样，爱因斯坦还设想时间正如我们所感知的那样并不存在，但是在不同的条件下，时间会发生变化：时间过得快还是过得慢取决于客体的速度和强度。

　　多年以后，才有人对上述假说的实际效果进行演示。现在我们知道，如果垂直运动的话，时间会过得快一点；如果水平运动的话，时间过得相对慢一点。最有名的一次实验发生在 1971 年，一群科学家将原子时钟放置在不同的飞机上，并在世界各地飞行。结果表明，地球上的时钟显示的时间与飞机上的时钟有 184 纳秒的细微差别。由此可见，由于飞机上的时钟处于运动之中，时间会流逝得较慢一些。

　　因此可以推断，如果我们能以光速行驶，时间就会静止，这样看来，时间旅行似乎是有可能的。如果时间也是二维的，那么我们在时间中也可以像在空间中那样回转，回到过去便是有可能的。这样，我们对因果关系以及其他现象的认知就会发生根本性的改变。

相对论不仅解决了许多此前一直困扰科学家们的问题，也反驳了艾萨克·牛顿一些曾被认为不容质疑的观点。

科学

无限协作

林恩·马古利斯（1938—2011）提出的内共生理论颠覆了达尔文的进化模式，包括达尔文进化机制的基本原则。

马古利斯提出人类中心论是完全站不住脚的。在她看来，所有的生物似乎在相互协作，以实现共生共存，个体差异并不会造成竞争优势。与达尔文的观点正好相反，她认为进化与生存取决于生物间联合的质量，而非少数生物的优势。

正如我们所知，生物可以分为两大类：原核生物（细菌或古生菌，无细胞核）及真核生物（其细胞具有细胞核，有核细胞是所有多细胞生物的基本构成成分）。马古利斯构想的这种划分标准体现了这两类生物在资源利用方面的根本差异。

35亿年前的地球与我们今天所知的地球大不相同，在当时的环境中，哺乳动物完全无法生存。然而，那样的环境却为生命的出现开辟了一条道路。于是，第一代细菌开始在海洋中形成。之后，它们产生了氧气，整个地球因此发生了翻天覆地的改变。氧气被释放到大气中，而大气中的氮则被固定在土壤和水中，一点一点地为另一种生命形态的出现奠定基础。由于生物间的协作，原核细胞才有可能进入真核细胞内。这样便为新生命形态的出现带来更多机会，同时也使新生命能够存活下去。

这只是无限的细胞群出现的开始，之后会逐渐孕育出更为复杂的生物体。只要通过协作和内共生，这些生物体便能够在其他环境中大量繁殖，并开发利用新的资源。

作为近几十年来最为杰出的生物学家之一，林恩·马古利斯是进化论领域名副其实的权威专家。

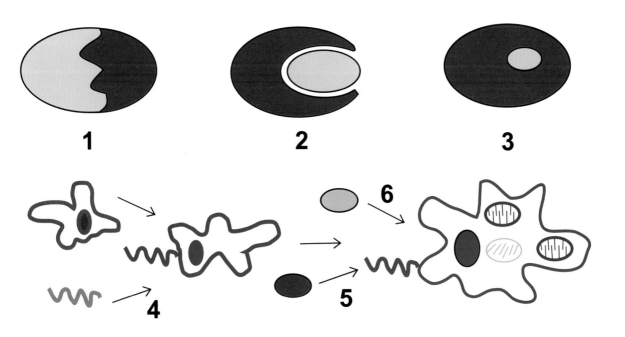

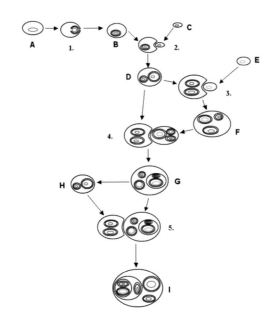

科学

混沌理论

　　科学始终致力于寻求详尽的解释，探索事件之间的联系，并通过精确的语言将其表达出来，以使我们对自然界有所了解并能预测自然现象。但是，大自然本身的混沌使得我们无法对其做出准确的预测。为了了解这个混沌的自然，一门新的学科应运而生——混沌科学或混沌理论，这门学科为我们提供在任意随机、难以捉摸、不可预测的事件中（即混沌中）发现秩序的方法。用数学家道格拉斯·霍夫施塔特的话说，"其实，某种离奇的混沌可能就潜藏在有序的表象之下——然而，混沌的深处则可能潜藏着某种更为离奇的秩序。"

　　相对论和量子力学涉及的是现象，混沌理论揭示的是日常生活中的知识，比如云的形成、冰晶的生成。这些看似杂乱无章的过程实则具有某些可量化的特征：它们即时的发展在很大程度上取决于人们开始观察的那一刻变量的分布情况。

　　爱德华·洛伦茨（1917—2008）是混沌理论的创始人之一，他专门研究如何预测天气，并为此建立了一个高度简化的、由12个方程组成的数学模型。1961年的一天，洛伦茨打算核对一些数据，然后把这些数据重新输入计算机，但为了节省时间，他将6位小数简化成了3位小数。

　　依照惯常的思维，结果应该只是稍有改动。然而，由于初始变量值的微小变化，导致最终结果大相径庭。洛伦茨把这种现象称为"蝴蝶效应"。

　　"蝴蝶效应"被用于描述变量的微小变化，导致最终结果发生大规模变化的现象。

科学　　　　　　　　普朗克单位

　　1899 年，物理学家马克斯·普朗克（1858—1947），量子理论创始人暨 1918 年诺贝尔物理学奖获得者，从自然基本常数角度提出了长度、质量、时间和温度单位：引力常数 G，真空光速 c 和普朗克常数 h。这三者组成了他所谓的自然单位系统，因为它们以自然常数为基础，而非没有物理基础的任意标准，如米、千克和秒。

　　普朗克长度被定义为由于量子引力效应的出现，而不再满足经典物理定律的更短距离，因此谈论运动和时间是没有意义的。它相当于在普朗克时间内光的传播距离，其长度约等于质子半径的百亿亿分之一。

$$l_p = \frac{\sqrt{hG}}{c^3} \approx 1.616\ 252(81) \times 10^{-35}\ \text{m}$$

　　普朗克时间是通过测量光穿过普朗克长度所需的时间来确定的。从量子力学的角度看，普朗克时间被认为是可以测量的最小单位，也就是说，在任何小于一个普朗克时间的特定瞬间和任何单独瞬间内，都不可能观察到宇宙发生的变化。然而，哈勃太空望远镜拍摄的图像使人们开始质疑这一理论。

$$t_p = \frac{\sqrt{hG}}{c^3} \approx 5.391\ 24 \times 10^{-44}\ \text{s}$$

　　普朗克质量即 21.764 4 mg 的量，这一质量在半径等于普朗克长度的球体中，将产生 10^{93} g/cm³ 的密度。根据目前的物理学，这是宇宙诞生大约 10^{-44} s（即所谓普朗克时间）时的密度。

$$M_p = \frac{\sqrt{hG}}{G} = 2.18 \times 10^{-8}\ \text{kg}$$

　　普朗克温度有别于其他温度，因为它提供了量子力学的基本限制，它被定义为温度的最大值：所谓无限温度。普朗克温度是宇宙大爆炸第一个瞬间的温度，即宇宙大爆炸第一个普朗克时间单位的温度。普朗克温度的基本单位相当于 3.5×10^{32} ℃。

$$T_p = \frac{m_p c^2}{k} = \sqrt{\frac{hc^5}{Gk^2}} = 1.416\ 7 \times 10^{32}\ \text{K}$$

根据目前的估计，宇宙大爆炸需要两个普朗克时间单位来创造宇宙的所有力量。

科学

白洞

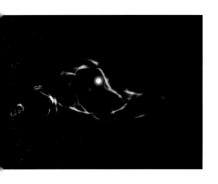

黑洞的存在引发了一个基本问题：黑洞吞噬的东西去了哪儿？这个问题是白洞存在的理论基础。黑洞理论的基础是爱因斯坦的相对论。相对论是一个对称理论，这就意味着应该存在一个"出口"，或某种类似虫洞"另一个洞口"的东西。

对于黑洞的物理过程，即所谓的引力坍缩（当比太阳更大的恒星耗尽"核燃料"时产生黑洞），科学家已经进行了充分的研究，但是没有类似的清晰过程可以解释白洞的产生。

若白洞存在，它们将代表一个有限的时空区域，其密度足以使白洞扭曲时空。黑洞吸收物质与能量，但是白洞会将物质与能量排出。实际上，没有物体能够在这个区域永远停留，这就是为什么白洞被定义为黑洞的时间反转。

另一种广为流传的理论认为，白洞极不稳定，持续时间极短。实际上，白洞产生之后就会坍缩并变成黑洞，这给我们的研究带来了限制。

目前，我们必须等待一种新现象的出现，以帮助我们确认或排除白洞的存在。我们应牢记，直到现在，黑洞的存在仍然受到质疑[1]。

---

[1]　2019年4月10日，全球多地天文学家同步公布了黑洞"真容"。该黑洞位于室女座一个巨椭圆星系 M87 的中心，距离地球 5 500 万光年，质量约为太阳的 65 亿倍。——译者注

人们对白洞知之甚少，目前只知道白洞与黑洞相反，也就是说，在宇宙中，白洞喷射物质而非吸收物质。

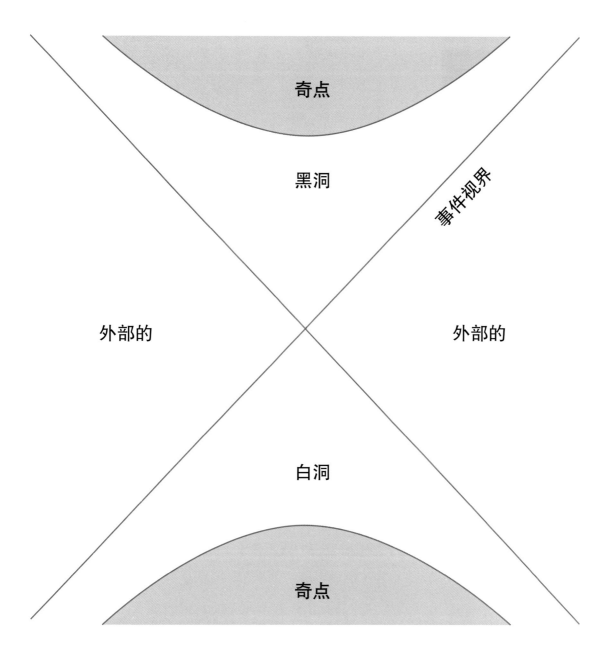

科学　　　　　　　　　# 哈雷彗星

① 天文单位是天文学中量度距离的一种单位，即以地球到太阳的平均距离作为一个量度单位，1天文单位 =149 600 000 千米。——译者注

公元前 240 年，中国、韩国、印度和日本文明中就有关于哈雷彗星出现的记录。这颗彗星无疑备受瞩目，因为它异常明亮，并且每次出现时离地球都很近。

哈雷彗星绕太阳运行的轨迹是一个椭圆。彗星距离近日点（运行轨道上离太阳最近的一个点）0.6 个天文单位①，位于水星和金星的轨道之间；距离远日点（离太阳最远的点）35.3 个天文单位，接近冥王星运行轨道的距离。奇怪的是，哈雷彗星的轨迹是逆行，与行星的运动方向相反。

哈雷彗星系根据英国天文学家埃德蒙·哈雷（1656—1742）的名字命名，他于 1705 年发现了哈雷彗星的周期性。在此之前，根据牛顿力学，人们认为彗星进入太阳系后，会以抛物线轨迹围绕太阳运行，之后便一去不返，因此它只能被观测到一次。然而，哈雷对古代参考文献中的彗星进行了研究并精确地计算出彗星的轨道。在观察中，埃德蒙·哈雷发现 1682 年所见彗星的特征与 1531 年（由佩特鲁斯·阿皮亚努斯所描述）和 1607 年（由约翰内斯·开普勒所观测）的彗星特征吻合：它们具有相同的轨道倾角和相同的近日点距离。

哈雷从这些数据中得出的结论是它们并非三颗不同的彗星，而是同一颗彗星的三次现身，它沿着一个椭圆轨道运行，周期为 75~76 年。由此推断，当彗星离地球越来越远的时候，它们并没有飞向无限远的宇宙深处，而是沿着固定的轨道运行，这条轨道最终会将它们再次带回起点。1759 年，哈雷彗星的出现证实了这一理论，从那以后，每隔 76 年，人类就等待着这颗硕大而明亮的彗星到来。我们于 1986 年 4 月见过哈雷彗星，并期待着 2061 年与它再次相见。

哈雷彗星生成于太阳系边缘的奥尔特云，距太阳近一光年的距离。虽然最初它被认为是一颗长周期彗星，但气体巨行星的引力作用缩短了它的轨道，将其限制在太阳系内。

零点能量

零点能量的概念是阿尔伯特·爱因斯坦和奥托·斯特恩于 1913 年提出的。它源于量子力学，量子力学是研究原子维度粒子行为的科学。零点能量是一个系统可能拥有的最低能量，换言之，一旦将系统内所有可提取的能量提取出来，剩下的能量就是零点能量。根据定义，零点能量不能被提取或使用。如果我们还可以提取更多能量，那么能量就没有达到零点。

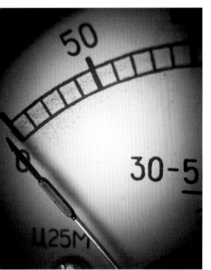

有趣的是，零点能量不等于零。要理解这一点并不需要复杂的方程，我们可以考虑物质的二象性：所有基本粒子都是粒子和波。我们所看到的身边的物质都是由粒子，同时也是由波组成的。波会振动、摆动和波动，也就是说波有振荡频率。每个振子都有一种与振荡频率相关的能量——就像由于振荡运动产生的动能。零点能量唯一的测量方法就是在零频率处进行测量，也就是在振荡停止时测量。但不振荡的波并不是波，这时，粒子就成了波。

解决这一问题的另一种方法是从海森堡不确定性原理角度来思考。海森堡不确定性原理表明，我们不能精确及时地确定粒子的位置和速度：位置越确定，速度越不确定，反之亦然。因此，两个量级中的一个量级上可能具有零不确定性，但是在这种情况下，另一个量级上将具有无限不确定性。这种不确定性在宏观世界里可以忽略不计，但在亚原子世界里却至关重要。

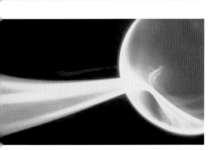

正如许多永动机所概述的那样，零点能量的概念以及从真空中提取大量可持续能源的愿望吸引了各个时代发明家的关注。但永动机的运行违反热力学第二定律，因此永动机似乎不可能存在。

科学

氦的超流动性

超流态是物质的一种状态，表现为完全没有黏度，这使得它与流动性极强的物质有所区别，后者的黏度接近零，但不完全为零。因此，如果将超流体放置于环状的容器中，由于没有摩擦力，它可以永不停息地流动。这一现象于 1937 年分别由彼得·卡皮查、约翰·弗兰克·艾伦、唐·麦色纳发现，对于这一现象的研究被称为量子流体动力学。

超流体现象是一种在极低温度下发生的现象，温度低至绝对零度（0 K或 -273℃），一个让所有运动都停止的温度。处于这个温度下，几乎所有元素都会冻结，唯一例外的是氦气。当温度为 4.2 K（约 -269℃）时，在环境压力下氦气会液化。在这个极端寒冷的节点，氦的黏度（阻力）变为零。用氦同位素进行的实验表明，在超流体状态下，物质能够穿过玻璃等固体表面，挤进玻璃的微观孔隙并像过筛子一样穿过。

超流体能够穿过任何固体物质这一特性似乎归因于其强大的振荡能力，这反映了量子流体动力学模型。因为在没有黏度和摩擦力的情况下，分子的持续运动能打开通过元素粒子的路径，因此，超流体能够穿过固态物质这一特性不难理解。在超流体实验中，我们可以看到超流体能永恒运动，能攀爬容器壁并排空容器，形成无数喷泉。两个不同的压力区之间有氦气流动就会产生喷泉，这就产生了从高压区流向低压区的急流。这些喷泉如幽灵一般，其特点是，如果实验条件不变，它们就可以永远流动。

氦气是一种稀有气体，具有不同寻常的性质。它是氢聚变的产物，广泛存在于太阳和地球的油井中。

量子真空

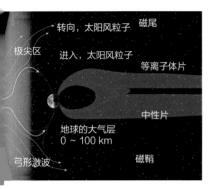

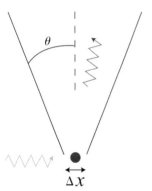

几个世纪以来，科学家和哲学家认为"恐怖真空"是在自然界中具有深远影响的原则。人们认为自然厌恶真空，总想用空气或"以太"等东西来填满它。如今，人们普遍接受太空可能是空的这一说法。然而，在当今的物理学中，理论上讲，真空中的粒子发射现象是很常见的；或者假设黑洞中粒子的发射是周围的真空造成的。毫无疑问，我们陷入了一个悖论之中：根据定义，真空中没有物质存在，但真空却能释放物质。这一事实实际上并不怎么令人惊讶。

这个想法源于海森堡不确定性原理，该原理设定了同时测量粒子的位置和速度准确度的极限。类似的原理使得测量粒子能量的可能性及测量时机受限。

将这一原理与爱因斯坦提出的能量与质量的等值性结合，我们得出了令人惊讶的结果，即物质可以从真空中产生。粒子可以突然出现并立即消失。根据经典物理学，这是不可能发生的，经典物理学认为，物质不能凭空生成，但是量子物理学认为这是可能的，只要粒子的寿命足够短。事实上，质量为 m 的粒子具有的能量为 mc^2，如果其寿命小于 h/mc^2，根据不确定性原理，粒子不能被检测到：在此期间，粒子的质量（能量）低于可测量的误差范围。

因此，根据量子力学，真空中充满了不断出现又不断消失的粒子，但海森堡不确定性原理忽视了这一点。这种根据定义不可检测的粒子被称为虚粒子。真空中虚粒子的存在导致一系列物理问题，这些问题目前仍未解决。根本性的难点在于真空能量在形式上是无限的，因为你可以创造具有无限能量的虚粒子。

理论物理学家如今面临的最大挑战之一便是解决量子真空概念中的固有困难。尤其是存在快速消失的微小黑洞的可能性使量子真空的概念更加复杂：随着虚粒子的形成，虚拟黑洞可能由真空产生。

沃纳·海森堡（1901—1976）提出了不确定性原理，这是量子理论发展的基础。不确定性原理指出，不可能同时准确判定粒子的位置和速度。

科学

脱氧核糖核酸，无限的螺旋

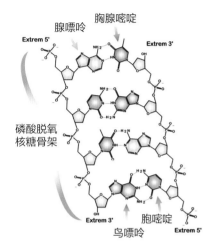

腺嘌呤
胸腺嘧啶
Extrem 5'
Extrem 3'
磷酸脱氧
核糖骨架
Extrem 3'
胞嘧啶
鸟嘌呤
Extrem 5'

1869 年，瑞士医生弗雷德里希·米歇尔（1844—1895）首先提出 DNA 或脱氧核糖核酸的概念，他在体液中观察到大量他称之为核蛋白质的物质。大约一个半世纪之后，DNA 被确定为生命和进化的基础。

DNA 是由四种不同的核苷酸组成的核酸：腺嘌呤（A）、鸟嘌呤（G）、胞嘧啶（C）和胸腺嘧啶（T）。根据核苷酸的排列顺序（例如，A-A-T-G-T-G，C-C-T-G-A-T-G 以及其他组合），其形成的序列可以理解为一种语言，这种语言为生活在地球上的树木、细菌或人类等所有物种共享，并且代代相传，这使得每个个体和物种独有的特征得以遗传。

这些 DNA 序列就是我们现在所说的基因，它是造成蜻蜓不同于大象、蚂蚁不同于人类的原因。根据物种的不同，DNA 的主要结构可以是单分子，或是末端连接形成环状（如细菌）的单链，也可以是结成互补或反向平行分子对的多个分子，它们形成双螺旋结构，或多或少被拉伸，或者非常紧凑，例如染色体。

也许DNA最令人惊讶的特征在于它是一个无限的分子：为了代代相传，DNA 在一个被称为"半保留"的过程中自我复制，即后代的每个个体将会继承一个母体分子和一个新形成的分子，这样新的生命体将永远是前生命体的一部分，使 DNA 在后代中永存。

1953 年，研究人员詹姆斯·沃森和弗朗西斯·克里克首次描述了著名的双螺旋结构或螺旋梯结构，也就是我们目前使用的 DNA 模型。

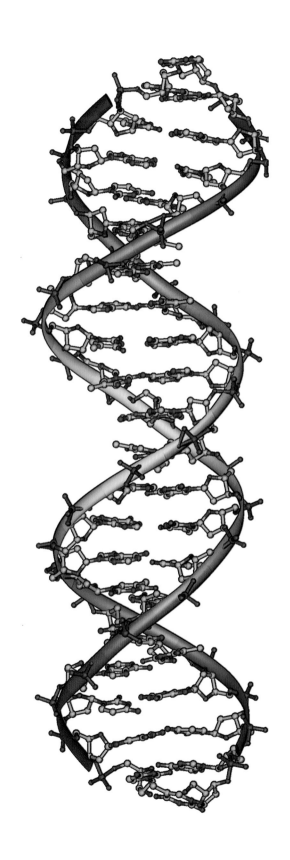

黑洞

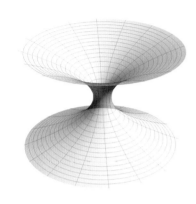

黑洞是一个具有强大引力场的天体，即使电磁辐射或光线也无法从中逃脱。它的质量集中在一个密度无限大的点上，也就是奇点。在奇点上，引力的力量几乎是无限的，甚至可以改变时空。随着我们离开奇点，引力的作用会逐渐减小，当到达某一点时，逃离黑洞所需的速度与光速相等。

黑洞被所谓的"事件视界"限制在时空中。事件视界将黑洞与宇宙的其余部分分开，它也是包括光在内的任何粒子都无法逃逸的空间界面。

黑洞是引力坍缩导致的，这种现象在 20 世纪中期由罗伯特·奥本海默和史蒂芬·霍金发现。这个过程始于红巨星能量耗尽或"死亡"的瞬间。鉴于红巨星质量巨大，其引力开始对自身施加强大的作用力，将其所有质量集中在非常小的体积内，从而产生白矮星。这一阶段可能持续数十亿年，在自身引力作用下，星体最终坍缩，而后转化为黑洞。

换言之，黑洞是引力增加到极限的结果。这个让恒星保持稳定的引力将其压缩到原子开始坍缩的临界点。轨道中的电子越来越接近原子核，并与质子结合形成更多中子，最终形成中子星。在这一点上，随着原子间距离的减小，引力呈指数增长。中子粒子内爆，坍缩形成黑洞：无限小空间里的无限引力。

早在 1796 年，数学家皮埃尔·拉普拉斯（1749—1827）曾提出了质量集中的物体可以捕捉光线的观点。

科学

弦理论

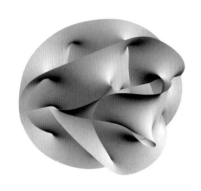

弦理论是 20 世纪后期构想出的理论模型。该理论强调，微小的能量粒子会像小提琴琴弦一样振动，从而演奏出宇宙中每个粒子独有的交响乐。

要了解弦理论，我们必须回顾其起源问题。半个多世纪以来，物理定律都必须遵守两个可靠且无可辩驳的理论。这两个理论自成体系，但一旦结合，这两个理论就会出现严重的不一致和异常。

相对论解释了引力的作用方式，该理论模型适用于星系和行星等大型物体。相比之下，亚原子元素的作用方式符合量子力学，量子力学描述了三种基本力：将质子和电子结合在一起的强核力、造成放射性衰变的弱核力以及电磁力。标准模型精确地描述了粒子和力的运动方式，但有一个明显的例外，即引力，很难从微观上对引力进行描述。强核力、弱核力、电磁力和引力又被称为四大基本力。

尽管四大基本力与物质之间的关系能解释宇宙中的所有事件，但在试图调和量子力学中的混沌行为与广义相对论的平衡时，问题就出现了。这一直是理论物理学多年来最大的挑战之一：构建被称为万物理论或统一理论的量子引力理论。弦理论似乎已经实现了那一目标。

直到最近，科学家将物质的基本成分（原子和亚原子粒子）描述为小球或零维点。然而，弦理论认为物质是由在亚原子层面上被称为弦的环形线振动产生的能量组成的。弦以某种方式振动，形成了粒子的独特性质，比如质量和荷载。根据弦的振动方式，我们可以看到光子、夸克或标准模型的任何其他粒子。

弦理论代表了理论物理学的一次彻底革命，许多人反对这一终极大统一模型，因为在证明理论有效性的过程中存在很多无法验证的部分，比如无质量的亚原子粒子（引力子）、超光速粒子，或者我们必须接受宇宙处于十一个维度中，而不是我们所认为的四个维度中（三个空间维度和一个时间维度）。

弦理论极其复杂，它包含了超出我们现有知识能够解决的数学问题。这些问题是现代物理学面临的新挑战。

科学

无限的微生物

　　生物能够征服不同的环境并在其间生存。每当想到这一点时，我们便倾向于将人类列于生物链顶端，但事实并非如此：在一个由无数微生物统治的世界里（其中数量最多的是细菌），人类不过是匆匆过客。

　　细菌一直是地球上数量最多的生物，1.6 亿年前，它们就开始致力于让世界上产生更为复杂的生命体。

　　细菌是唯一能够生存于各个生态位中的生物，因为它们具有多重基因重组机制，可以在极短的时间内快速突变并适应新环境，而其他动物机体都需要数年才能完成。细菌使氧气在大气中积聚，使氮在土壤中固定，如此一来，其他形式的生命就可以利用这些条件生存；细菌把岩石分解成肥沃的土壤，为生态系统提供了维持生命所必需的有机体和元素。人体由 100 万亿个细胞组成，受到一个有着 900 亿个有机体（分属 200 种不同的类型）的微生物群管辖，这些有机体处于永久平衡状态，如果没有它们，我们的生命就会受到威胁。

　　宇宙中细菌的数量无法计算，但可以确定的是它接近无限。

术语"微生物群"是指在特定生态位的生物体群落，最常见的包括金黄色葡萄球菌、大肠杆菌和白色念珠菌。

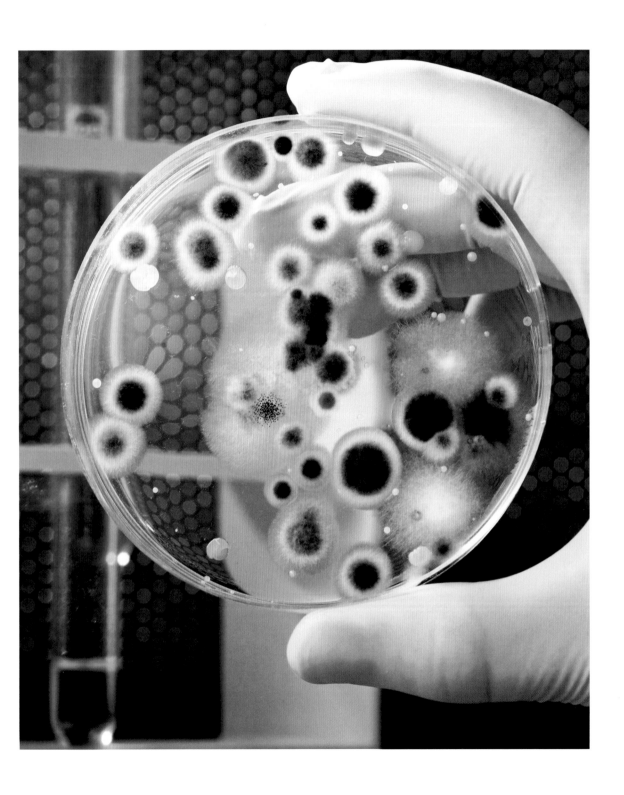

科学　　　　　　　　# 超速离心机

　　离心机是大多数实验室的常见设备，它可以使化学样品高速旋转直到样品的成分按分子量分离。超速离心机功能非常强大：第一台超速离心机产生的力是重力的 5 000 倍，目前的超速离心机能够产生超过 100 万 g（9 800 km/s^2）的加速度。

　　瑞典化学家西奥多·斯维德伯格（1884—1971）于 1923 年（1925 年宣布）发明超速离心机。他将超速离心机作为分离蛋白质的工具，并因此项研究于 1926 年获得诺贝尔化学奖。之后，20 世纪 70 年代，在英国，7 250 km/s^2 的离心速度创造了新的纪录，其速度是超音速飞机的三倍。

　　目前，超速离心机在分子生物学、生物化学及一般聚合物的使用和操作方面不可或缺。超速离心机在实验室中使用广泛，我们对其难以置信的能力也习以为常。目前，新技术已经将旋转速度推向极限，通过真空和温控来减小摩擦。因此，如果我们观察某些模型就会发现，速度指示器中显示的是表示无限大的符号，而非某一具体速度值。

除发明超速离心机之外，西奥多·斯维德伯格还进行了针对骨髓灰质炎疫苗的有效试验。

科学

原子的可分性

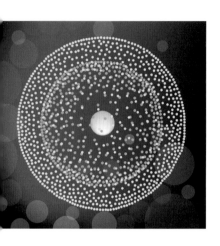

英国科学家约瑟夫·约翰·汤姆森（1856—1940）于1887年提出原子是可分的，并构建了一个原子模型，在该模型中，原子是一个带正电的球体，电子镶嵌于其中。

19世纪中叶，对物质电性的研究，特别是两个相邻带电物体之间的火花，引起了对原子不可分割性的质疑。19世纪末期出现了有力的证据，证实原子是可分的，并且具有电性。这是因为人们观察到管壁中的荧光是由阴极上的不可见射线产生的，这种射线被称为阴极射线。

1897年，汤姆森提出阴极射线由带负电的粒子束组成，并且阴极射线的成分不是带电原子，而是原子分裂产生的较小粒子。因此，存在于所有元素原子中的相同负电荷粒子被称为电子。

根据这一假设，汤姆森提出了一个原子模型——原子是一个带正电的球体，周围环绕着均匀分布的、带负电荷的电子，带负电荷的电子数量足以中和该元素所包含的正电荷。

由此推断，原子的内部必然包含其他带正电的粒子，这些粒子被称为质子，它们共同构成了原子核的总质量（后来证明是错误的）。

汤姆森的原子模型也被称为"葡萄干面包模型"。1908年，汤姆森之前的学生欧内斯特·卢瑟福证明葡萄干面包模型是不准确的。

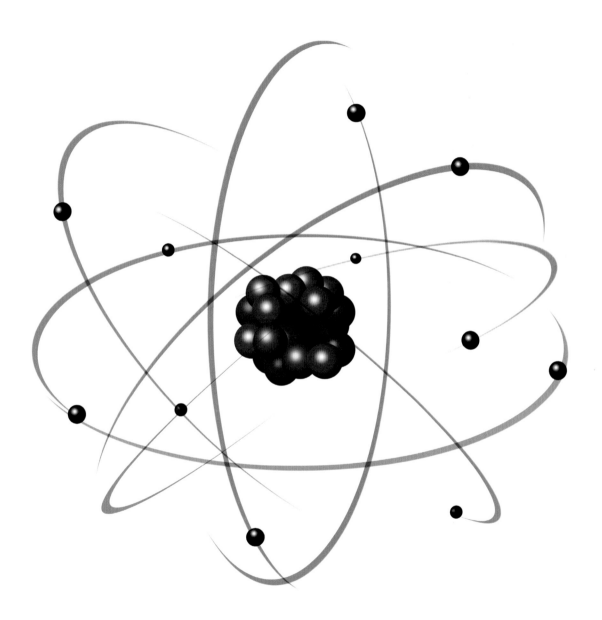

科学

量子隧道效应

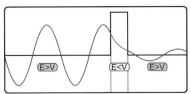

量子力学的发展使得在亚原子层面上研究粒子成为可能，而这在经典物理学上无法实现，因为纳米粒子的运动方式与实验效应既不规则又混乱，所有的传统物理定律都无法解释。最有趣的亚原子现象之一是隧道效应，这种效应很像球穿墙而过。

简而言之，量子隧道效应意味着电子（或量子粒子）进入并穿过了原则上无法通过的区域。当我们说这个区域电子无法通过时，就意味着电子没有足够大的动能（在典型模拟中，这是由速度产生的）通过该区域，因为有"障碍"阻止它通过。

经典物理学指出，总能量是动能和势能之和，因此，能量总是等于或大于势能。从经典物理学的角度看，没有粒子能够做到总能量小于势能。因此，总能量等于势能时就到了"转折点"：粒子就像碰到墙的球一样不能前进，只能后退。

然而，在量子力学中发生了不可能的事：在亚原子层面，粒子的总能量可能低于势能，并且能够像穿越隧道一样穿过转折点，这与经典物理学的原理相违背，并且总能量和势能差能够影响穿越的距离。通过这种方式，电子有可能穿越遇到的障碍，出现在另一边，但是应当注意，隧道效应并不总会发生：就像所有量子效应一样，这是一个概率问题。

量子隧道效应由物理学家、天文学家乔治·伽莫夫于1928年提出。这种现象也出现在物理学其他分支中。在电子学中，晶体管的部分工作原理也建立在这一效应之上。

卢瑟福-玻尔的原子模型

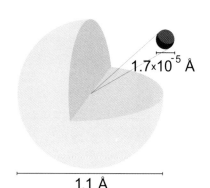

1.7×10^{-5} Å

1.1 Å

1900 年，物理学家欧内斯特·卢瑟福（1871—1937）的实验表明，物质并不如人们之前所认为的那么容易识别，实际上在大多数情况下，物质是靠光谱特性来识别的。卢瑟福提出，原子包含的原子核带正电荷，原子的质量集中于原子核，而微小粒子就像行星围绕太阳一样围绕着原子核运行。这些粒子即电子，它们带有负电荷并高速旋转，以致粒子的离心力会抵消原子核所产生的静电吸引力。

原子核的正电荷数量等于环绕在四周的电子数量，因此原子核的电荷可以和电子的电荷相互抵消。原子核的正电荷解释了物质在空间中具有稳定性的问题，而电子自由绕行就解释了为何电子能够从一个原子转移到另一个原子，从而形成电流。

卢瑟福的行星模型虽然没有具体指出电子的速度或它们与原子核的距离，但一段时间之后，物理学家尼尔斯·玻尔（1885—1962）接受了这个概念。

玻尔的模型最初针对的是氢原子。由于其简易性，该模型至今仍然被当作物质结构的简化模型。根据玻尔的模型，氢原子有一个原子核，一个质子和一个电子，电子围绕着原子核在第一条轨道上旋转，该轨道能量最低。根据玻尔原子模型的假设，电子排列在圆形轨道上，每条轨道的能量不同，且轨道数量有限，这与卢瑟福无限轨道的假设不同。在这些轨道上旋转时，电子并不释放能量。如果能量传递给了电子，电子就将带着高能量从第一条轨道飞到另一条轨道上，当它返回到第一条轨道时，将以光辐射的形式释放能量。

物理学家、化学家欧内斯特·卢瑟福致力于放射性粒子和元素分解过程的研究。他是物理学家尼尔斯·玻尔的老师，玻尔为原子结构和量子力学做出了重大贡献。

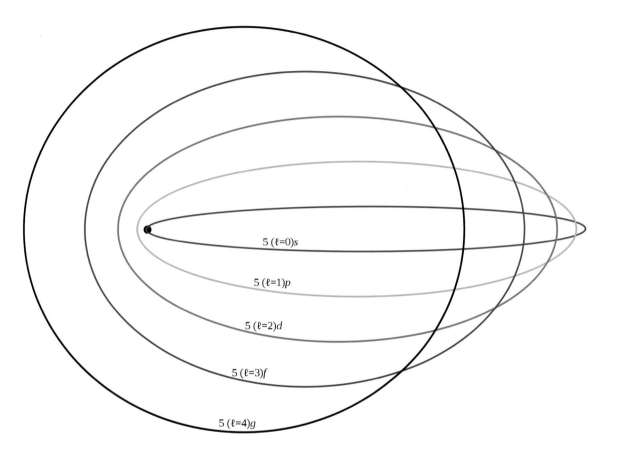

科学　　　　　　# 孟德尔定律

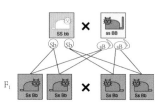

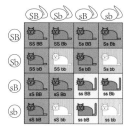

被称为遗传学之父的格雷戈尔·孟德尔（1822—1884）是一位修道士，他的遗传特征传递实验已成为当前遗传理论的基础。孟德尔定律通过了解其父母来解释后代的特征，并且使人们能够理解进化现象以及赋予个人和物种多样性的无限特征。

1856 年，他在修道院花园中进行了豌豆杂交实验，不借助任何工具，只凭观察，他就能够根据规律推断出遗传特征的表达比例，这一规律后来被称为孟德尔遗传定律或孟德尔定律。

孟德尔能够分辨显性特征（总是表达出来）与隐性特征（不总是表达出来），甚至能够确定重组的确切频率并预测呈现任一特征的个体数量。他建立的另一核心理论是基因型（与表现型有关的基因组成）和表现型（个体表现出的性状）之间的差异。

生物体的每个特征都有两个遗传因子：分别来自父母双方。孟德尔研究了豌豆种子的颜色（黄色和绿色），即同一特性的两种对立或不同的特征。他通过杂交种子实验培育出了种子均衡的下一代。通过杂交，他得到了具有以下比例的一代：3/4 是黄色种子，1/4 是绿色种子，即 3:1 的比例。

在研究了对立性特征如何被遗传之后，孟德尔研究了种子的形状和颜色等非对立性特征。为此，他杂交了两种纯种豌豆：光滑的黄色豌豆和粗糙的绿色豌豆。通过观察第一代和第二代，他发现后者的表达比率为 9:3:3:1。孟德尔认为，不论其他遗传因子如何，每个非对立性遗传因子都具有遗传性，并在后代的基因中随机组合。

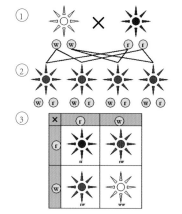

1900 年，雨果·德·弗里斯、艾瑞克·冯·契马克和卡尔·柯林斯三位植物学家再次发现了孟德尔定律，至此，格雷戈尔·孟德尔的研究才受到科学界的重视。

科学　　　　　　　　**暗物质**

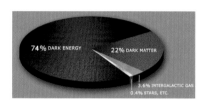

　　我们试想一下构成宇宙星系的众多行星、恒星和其他天体是多么庞大。令人惊讶的是，这些庞然大物（也就是宇宙间的普通物质）的质量仅占宇宙总质量的 4%，然而有一种看不见的未知物质——暗物质——其质量却大约占了宇宙总质量的 23%。暗物质好似线网一样，编织出了宇宙的无限。它的存在必不可少，因为它使星系中的恒星聚合，并使恒星相互关联。

　　认知宇宙中无处不在的神秘物质的本质及探究暗能量（占总质量的 73%）已成为现代天休物理学的一大挑战。因为暗物质不会发射或吸收电磁辐射（光、无线电波等），所以无法用肉眼识别或直接检测。通过暗物质对其他天体施加的引力影响，我们可以发现暗物质。暗物质能够使光束的路径弯曲，致使拍摄到的其他星系的图像出现轻微失真。即使暗物质不可见，天文学家通过分析过去几十年收集的大量图像，也可以计算出引起图像失真的暗物质的总质量。

　　有几个理论可以用来解释暗物质的组成。第一种可能性即暗物质是褐矮星，其质量约为太阳质量的 1/20，因为暗物质的内核未能达到使氢气燃烧的温度，所以其亮度不够，无法被检测到。第二种可能性是暗物质由超大质量的黑洞组成，并且这些黑洞可能位于许多星系的中心。在这两种情况下，暗物质都是重子暗物质，即由质子和中子组成，如普通物质。第三种可能性即暗物质是一种尚待发现的物质形式，由大爆炸后形成的未知非重子元素粒子组成。

物理学家、天文学家弗里茨·兹威基（1898—1974）提出了暗物质的存在。天文学家维拉·鲁宾继续兹威基的研究，为暗物质的存在提供了最直接的证据。

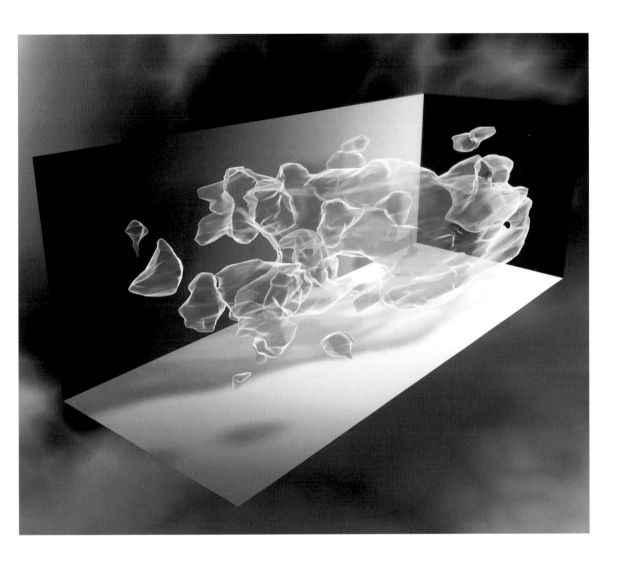

科学

查尔斯·达尔文与进化论

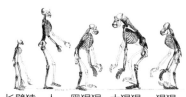

长臂猿　人　黑猩猩　大猩猩　猩猩

查尔斯·达尔文（1809—1882）认为所有生命形式都有共同的起源并经过自然选择过程进化而来，这奠定了进化论的基础。当时，地质学家反对这一颠覆性理论，他们认为生命是一系列个体创造的结果，每个物种都是不可变的，因此不会随时间发生任何变化。

达尔文22岁的时候获准乘船参加环球科考。长达5年的"比格尔"号航程对达尔文这个年轻的自然主义者产生了深远的影响，他回到英国之后便决心投身科学事业。

根据观察，达尔文发现了生理结构和饮食习惯均不相同的近缘物种，他认为这些物种并非一直如此，是不同的环境致使它们产生了结构和功能上的改变。他还认为，由于需要适应不同的环境，生物体发生了变化，这就解释了地球上生物的多样性。

因此，共同祖先和自然选择的概念出现了，即生物体有变化的趋势；在无限的可能中，如果生物的某种特性或特征有优势，那么这种生物在进化中就会占据有利地位，它们世代传承的能力也会增强。因此，继承这一优势特征的后代将会成为优于其他物种的新物种。

1837年，达尔文开始撰写关于物种起源的第一本书。1859年11月24日，《论依据自然选择即在生存斗争中保存优良族的物种起源》问世，第一版的1 250册当天售罄。这部著作的神学意义在于自然选择的权利不再属于上帝，这在当时引起了一些学派的强烈反对。

达尔文进化论著作的最初书名是《论依据自然选择即在生存斗争中保存优良族的物种起源》，但是第六版之后，书名被简化为《物种起源》。

科学

永生不死的海里埃塔·拉克丝

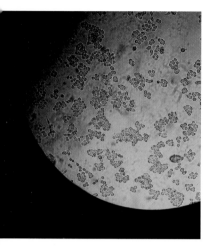

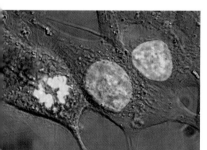

　　由于对科学的独特贡献，海里埃塔·拉克丝闻名于科学界。拉克丝是一名美国女性，出生于 1920 年，她被诊断出子宫内长有恶性肿瘤，离世时年仅 31 岁。拉克丝的医生乔治·盖从她的肿瘤里提取了组织样本，并开展了首个人类细胞的连续培养。

　　历史上第一个不死的细胞株因此形成，命名为"海拉"。海拉细胞的子细胞被广泛用于世界各地的实验当中，并且由于其不死的特性，只要处于合适的环境中，这种细胞就可以无限繁殖，所以为很多研究做出了重大贡献。正是依靠海里埃塔的细胞培养，才研制出骨髓灰质炎疫苗。海拉细胞还被用于治疗白血病和癌症的研究，用来分析细胞行为和病毒生长，以及合成蛋白质和基因研究。

　　在很长一段时间里，这些细胞永恒的生命都是一个谜。在人体外部，细胞在完成 50 次分裂之前就会慢慢地、不可逆地死亡。没有人体的支持，细胞就无法存活，也无法以人工培养的方式存活，因此，它们会慢慢衰老，最后以某种方式死亡。相反，海拉细胞可以持续生长，新陈代谢，甚至可以在试管内无限繁殖。它们永生不死，不仅因为它们存活于人体之外，更因为它们不衰老。

　　研究人员怀疑，海拉细胞的强劲生长力和抵抗力可能是由于人乳头瘤病毒引起的病毒感染和患者所患疾病突变的结合，并产生细胞生命周期中必不可少的缺陷蛋白——P53。

海拉细胞于 1975 年开始普遍为人们所知，这引起了海里埃塔的亲戚及后代的关注。直到那时，他们才意识到海里埃塔对科学所做的重大贡献。

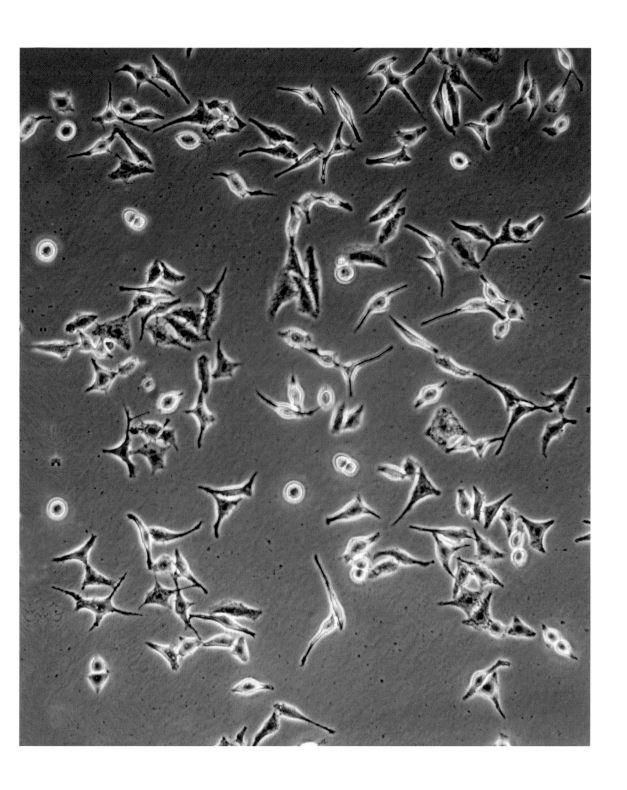

科学

波浪

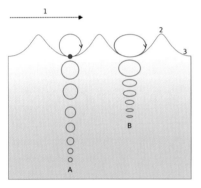

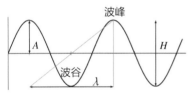

由于风力作用，海洋中的大量海水会做无穷无尽的波浪运动。风对海面施加推力，形成小波浪，反过来又对风产生更强的阻力，从而引起越来越大的波动。

波浪一旦形成就不再依赖于风力，而是依赖自身重力：波浪落在前一个波浪的波谷中，波浪传播时，能量不会减少，因为它不会移动大量的水。风速越大，浪越高，峰值与传播速度就越大。当风向上时，波峰之间的距离缩短，波面变陡。风吹起海面之后，海水由于重力作用而落下来，因此，动能随着海水起伏而增加。达到一定高度之后，波浪无法保持，继而散落，因为海水无法维持它的形状。那时，积聚的所有动能都转化为运送海水的动力。

直到最近，人们认为 100 英尺（约 30 米）高的"超级巨浪"很罕见。但有证据表明，虽然很罕见，但是世界上所有看似平静的公海和海洋几乎都会出现"超级巨浪"。另一种特殊的波浪是海啸，它与风无关，而是与地震和火山爆发有关。当海啸发生时，在震荡波的中心，海水可能会急剧下沉或上升。这两种情况下，海水的运动都会产生规模骇人的波浪，它以 620 英里 / 小时（约 1 000 千米 / 小时）的速度移动，并能达到 65 英尺（约 20 米）的高度。太平洋是受海啸影响最严重的区域。

使用道氏波浪等级量表可以根据波浪高度将海洋的状态分为 0~9 十个等级。英国海军上将珀西·道格拉斯于 1971 年提出了这个等级量表，那时他正负责管理新成立的海军气象部门。

科学

物质的不可毁灭性

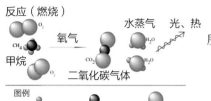

反应（燃烧）

氧气

甲烷

二氧化碳气体

水蒸气　光、热

图例

氢原子 H　碳原子 C　氧原子 O

现代化学之父安托万·拉瓦锡（1743—1794）提出的质量守恒定律是所有自然科学的基本定律之一。通过对化学反应的研究，拉瓦锡发现质量（物质的量）是恒定的，并且不可毁灭，不管发生什么，质量永远不变。

燃烧——18 世纪化学界探索的主要问题之一，引起了拉瓦锡的关注，当时他正在撰写一篇关于改善巴黎街道照明技术的论文。拉瓦锡发现，在空气有限的密闭容器中加热锡和铅等金属会导致金属在加热期间表面覆上一层煅烧物。拉瓦锡表示，金属表面的煅烧物不是神秘的"燃素"（一种被认为是由部分燃烧材料产生的物质）消失造成的，而是因为获得了一些空气。

1774 年，安托万·拉瓦锡进行了一场实验。他加热了一个封闭的玻璃容器，容器内装有锡和空气。他发现加热前的质量（玻璃容器＋锡＋空气）和加热后的质量（玻璃容器＋加热后的锡＋余下的空气）是相等的。随后的实验表明反应产物，即氧化锡，是原先的锡和部分空气结合的产物。通过这些实验，拉瓦锡观察到氧气对于燃烧的必要性，并提出了质量守恒定律：化学反应后的物质总质量与反应前的物质总质量相等。通常，这一定律可以这样概括：物质既不能被创造，也不能被毁灭，只能被转化。

希腊哲学家德谟克利特（公元前 460—前 370）借助自己的原子理论提出物质的不可毁灭性，其基本原理是："任何事物都不能凭空产生，也不会完全消失。"

科学 **碳循环**

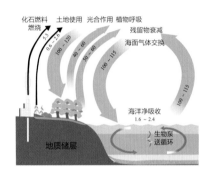

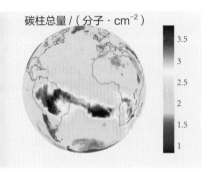

碳柱总量 / (分子·cm^{-2})

碳——生命所需的化学元素，它以多种形式存在于自然界中。所有有机分子——碳水化合物、脂肪、蛋白质、核酸——都由相互连接的碳链组成。

碳以被称作二氧化碳（CO_2）的气体形式存在于空气、水和土壤中。在光合作用过程中，植物从它们代谢的大气中消耗二氧化碳，因此碳成为植物分子的一部分。当食草动物吃草的时候，它们也会吸收植物中所含的碳。在呼吸过程中，动物会释放出大量以二氧化碳形式存在的碳，同时将剩余的碳存储在身体中。随着时间的推移，这种碳还会通过新陈代谢或其他动物的消耗回到大气中。在有机物的分解过程中，细菌和真菌分解死亡的植物和动物，并释放出一定量的二氧化碳，这些二氧化碳可以增加火山活动释放出的碳含量。溶解在大气中的碳再次被植物吸收，从而又开始碳元素的更新周期。

在水圈中也有类似的碳循环。水生植物利用溶解在水中的二氧化碳进行光合作用，海洋动物通过呼吸将二氧化碳释放到水中。当水中的碳浓度高于大气中的碳浓度时，二者的碳交换就会产生。自然界负责调节碳浓度，并从自然循环中除去一定量的碳。这就产生了所谓的化石燃料，比如石油、煤和天然气。数千年前，未被分解的有机物埋入地下，与氧气隔绝，造成不完全分解，于是有机残余物形成化石燃料。

燃烧化石燃料，尤其是工业革命以来，产生的碳排放量远远高出自然界的承受范围。这就造成了众所周知的温室效应，加剧了气候变化，进而导致海平面上升、降水变化以及荒漠化等恶劣影响。

碳是继氢和氧之后人体中含量最丰富的元素（17.5%）。它占地壳的0.025%，在沉积岩、固体和液体燃料的沉积物以及某些地质层沉积中，碳含量也很丰富。

盖亚假说

盖亚假说假定生物圈、海洋和地壳紧密结合，并为生命创造最佳的物理和化学环境。根据盖亚假说，地球是一个由各种生物组成的巨大有机体，这些生物相互作用使生命得以延续。这个超级有机体能够通过化学、生物和地质条件进行自我调节，通过控制全球气候、大气成分和海洋盐度达到适宜生存且相对稳定的状态。该理论由化学家詹姆斯·洛夫洛克于 1969 年提出，于 1979 年公开，作家威廉·戈尔丁提出用希腊大地女神盖亚的名字为该理论命名。

盖亚就像一个把所有事物带向平衡的系统。如果某些环境变化威胁到生命（如火山喷发带来大量二氧化碳），它将采取行动以恢复平衡（更多浮游植物会出现在海洋中以吸收水中的二氧化碳）。

这一假说认为，为了获得更有利的生存条件，许多生命形式不仅会影响环境，还会调节、控制环境。换言之，地球当前的状况之所以是这样并不是因为生物被动地顺应地球，而是生物引起了地球的改变。25 亿年前，地球上还未出现生命，大气成分多为二氧化碳。生命出现后开始吸收二氧化碳，并产生氮（细菌）和氧（光合作用）。

尽管太阳辐射持续增加，但全球气温数百万年来仍保持不变。因此，虽然地球持续升温可能会发生，但这从未出现。为了应对更强烈的太阳辐射，二氧化碳（具有保温特性）相应减少，仿佛盖亚正通过世界上的植物将温度保持在最佳水平以维持生命。

就职于美国国家航空航天局期间，詹姆斯·洛夫洛克受到"海盗号探索火星项目"的启发，提出了盖亚假说，该项目向火星发送了一个探测器，以研究这一"红色星球"上是否存在生命。

科学

缓步动物

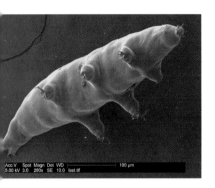

缓步动物通常被称为水熊虫，属于生活在潮湿环境中的微型无脊椎动物家族。尽管也有海水和淡水缓步动物，但在苔藓和蕨类植物的表面浅水层往往可以发现缓步动物的踪迹。缓步动物的体长在 0.004 ~ 0.05 英寸[①]（0.1 ~ 1.3 毫米），幼虫甚至小于 0.001 英寸（约 0.025 毫米）。它们没有循环系统、呼吸系统以及排泄系统。

缓步动物的一个特征使它们成了地球上最神奇的物种之一。当环境不能满足它们的生存需求时，它们会进入隐生状态（可逆地中止自身的新陈代谢）并保持休眠状态数百年，只有少数动物拥有这种能力，缓步动物就是其中一种。经过脱水状态，它们可以将体内的水分含量从 85% 减少到 3%。通过这种方式，缓步动物的生长、繁殖及新陈代谢会减缓甚至暂时停滞，直到更适宜的生存环境出现。

这种抵抗力使缓步动物能够在极端寒冷、极端干燥、强辐射、高温以及任何形式的污染环境中存活。研究表明，缓步动物能够在温度低至接近绝对零度（-273℃或约 -460 ℉[②]）和高达 151℃（约 304 ℉）的条件下生存。水熊虫可以在地球上的每一个角落生存也就不足为奇了，从喜马拉雅山脉到深达 13 123 英尺（约 4 000 米）的海沟，从极地到热带都有水熊虫的踪迹。它们也可以承受比其他动物高 1 000 倍的辐射。

在缓步动物的正常生活中，它们可以在干燥的休眠中存活 7 年。苏醒只需要 10~15 分钟，只有年老的或没有均匀干燥的缓步动物不会苏醒。水熊虫并非永生不死：它的预期寿命在 70 岁以上。

---

① 1 英寸 =0.025 4 米。——译者注

② 华氏度 = 32+ 摄氏度 × 1.8。——译者注

水熊虫的抵抗力在 2007 年经受住了最严苛的考验，当时它们被装载在"Foton-M3"号飞船上，暴露在海拔 88.6 万英尺（约 270 千米）的真空中。水熊虫不仅可以在真空中生存，回到地球后，它们还可以照常繁殖，没有任何并发症。

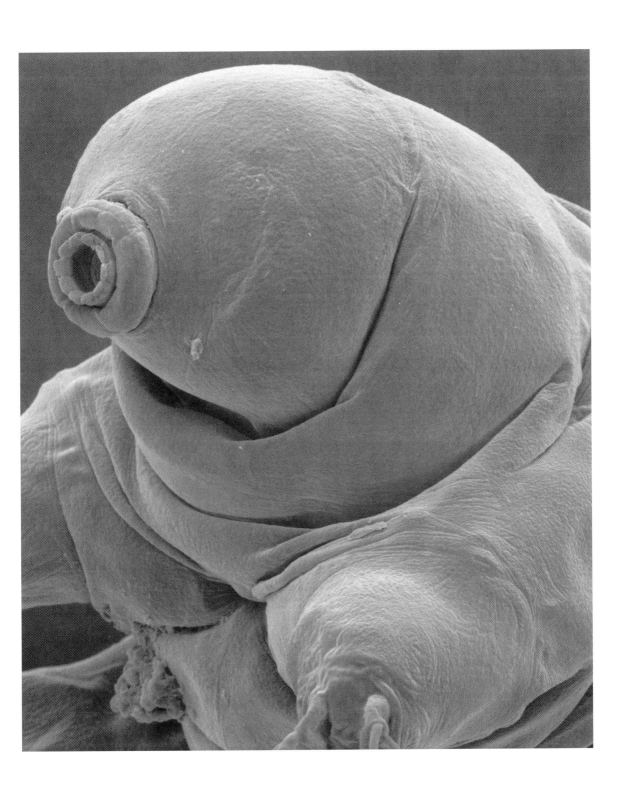

科学

颜色

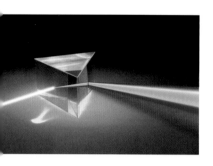

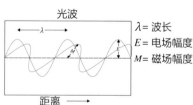

光波

$\lambda=$ 波长
$E=$ 电场幅度
$M=$ 磁场幅度

距离

　　大自然为我们呈现了令人类着迷的现象，白光分解的奇观——彩虹。物理学家艾萨克·牛顿（1643—1727）用棱镜研究并再现了这种现象。1704 年他发表了一篇论文——《光学》，其中他确定了七种颜色：红色、橙色、黄色、绿色、蓝色、靛蓝和紫色。

　　根据这一理论，每当光线穿过悬浮在大气中的水滴时，就会折射出构成可见光的所有颜色。每一种颜色对应可见光谱中不同波长的光，由于波长不同，折射角也会不同，这些颜色穿过水滴之后就会被分离出来。

　　根据这一理论，白光被折射分离得越多，可见的颜色就越多。尽管牛顿提到了七种颜色，但是颜色有无数的明暗差异，因为颜色是连续光谱，光谱中的一种颜色会向另一种颜色转变。

　　人眼有三种被称为视锥细胞的颜色感受器，它们可以把三原色蓝、红、绿结合起来，对应于每一种视锥细胞最敏感的波长。因此可以认为，只存在三种颜色，即三原色，但是三原色并不是肉眼所能感知或用于艺术的无限颜色的来源。因此，除了由三原色仅能组合而成二次色之外，柔和的颜色是无法得到的，因为柔和的颜色是由白色与其他颜色按不同比例混合形成的。

　　牛顿列举了七种颜色，因为他信奉"七定律"，这一定律当时被认为是统治宇宙的定律，因为在炼金术中有七种金属（金、银、铜、汞、铅、锡和铁），还有七大天体（太阳、月亮、水星、金星、火星、木星和土星）、七个音符，并且一周有七天。

数学

数学

莱布尼茨微积分

　　戈特弗里德·莱布尼茨（1646—1716），德国哲学家、数学家和政治家，17世纪和18世纪最伟大的思想家之一，被公认为"最后的全能天才"。莱布尼茨不仅研究哲学和数学问题，还研究神学、法律、政治、历史、文献学和物理学。

　　得益于牛顿的研究基础，莱布尼茨列出了微积分的基本定理，对数学的发展做出了很大贡献。微积分起初主要解决的是化圆为方的问题（曲线长度、图形面积和体积的测算）以及相切问题（如何绘制曲线和曲面的切线）。在现代数学中，微积分包括对极限、导数、积分和无穷级数的研究。更具体地说，好比几何研究的是空间，微积分研究的则是变化。

　　根据莱布尼茨的笔记，1675年11月11日，他首次用积分学求出了函数 $y=f(x)$ 曲线图像下方区域的面积。莱布尼茨采用的微积分符号至今仍在使用，如积分符号 $\int$，像一个拉长的S，来自拉丁文 summa（和），而字母 d 代表微分，来自拉丁文 differentia（差）。莱布尼茨为微积分独创的符号可能正是他为后人留下的最经久不衰的数学遗产，至今仍在使用。直到1684年，莱布尼茨才将《微积分》一文公开发表。

　　莱布尼茨晚年时，一直被他和牛顿谁第一个发明微积分的争论所困扰，这场关于谁是"微积分之父"的争论持续了数年，漫长而煎熬。当时的数学家分成两派，英国人支持牛顿，欧洲大陆的人则支持莱布尼茨，莱布尼茨一生都在努力证明自己没有剽窃牛顿的思想。之后的研究表明，两人都是独立地发明了微积分，但牛顿先于莱布尼茨。这场争论给英国的数学家带来了非常消极的影响，他们选择忽略莱布尼茨的方法，尽管莱布尼茨的方法要优越得多。

除了莱布尼茨和牛顿，约翰·伯努利和雅各布·伯努利兄弟俩在很大程度上也促进了微积分的发展。

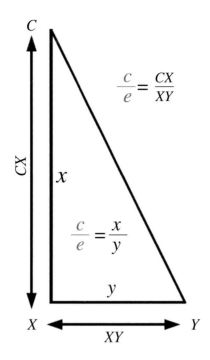

$$\frac{c}{e} = \frac{CX}{XY}$$

$$\frac{c}{e} = \frac{x}{y}$$

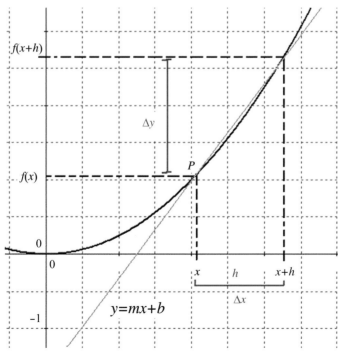

数学

门格海绵

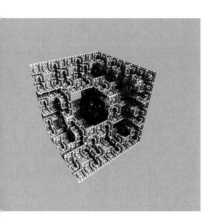

　　门格海绵或门格立方体是一种被称为"分形"的奇异数学物体，而"分形"是指物体的结构在不同尺度上不断重复。

　　门格海绵的表面积无限但体积近乎于零，在无限扩展之后会消失不见。1926 年，数学家卡尔·门格（1902—1985）首次提出了门格立方体的概念，该立方体源自沃克劳·谢尔宾斯基地毯的三维合成结构（门格的同事瓦茨拉夫·谢尔宾斯基于 1916 年发现了谢尔宾斯基地毯）。

　　要得到一块谢尔宾斯基地毯，需要将一个正方形 9 等分（3×3），去掉中心的正方形，然后对剩余的 8 个正方形进行同样的操作，依此类推，无限重复。最后，该正方形会布满不同大小的空洞。随着迭代次数的增加，正方形的面积会渐趋于零。

　　基于上述正方形的三维形态——立方体，可以构建出门格海绵的结构。将立方体的每一面都等分成 9 个正方形，那整个立方体就分成了 27 个更小的立方体，与魔方的结构类似。再把每一面中间的立方体和最中心的立方体去掉，只留下 20 个立方体。如果我们把以上的步骤重复无限次，就能得到门格立方体，或是门格海绵（因与海绵的结构相似而得名）。

　　1924 年，卡尔·门格获得了维也纳大学博士学位；1927 ~ 1938 年，卡尔·门格在维也纳大学担任几何学教授。门格活跃于维也纳学派，为 20 世纪的数学发展做出了重要贡献。

数学 · e

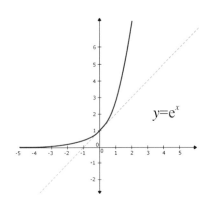

$$e^{i\pi}+1=0$$

e = 2.71828 18284 59045 23536 02874 71352 66249 77572 47093 69995
95749 66967 62772 40766 30353 54759 45713 82178 52516 64274
27466 39193 20030 59921 81741 35966 29043 57290 03342 95260
59563 07381 32328 62794 34907 63233 82988 07531 95251 01901…

e，即纳皮尔常数或欧拉数，是微积分学中的一个基本无理数（无限不循环小数）。e 是自然对数或纳皮尔对数的底数。1614 年，苏格兰人约翰·纳皮尔（1550—1617）发明了纳皮尔对数，但 1618 年，在纳皮尔逝世后，该对数才得以公开发表。此外，e 也是指数函数的底数。据称，数学家莱昂哈德·欧拉（1707—1783）用 e 代表"指数"，而底为 e 的指数函数是唯一导数是其本身的函数。

在一份关于对数的研究附录中，纳皮尔在所附的表格中提到了 e，但表格中并没有给出 e 的具体数值，只是列出了由 e 可以算出的自然对数。要探寻 e 何时被首次使用，以及 e 的第一位小数数值是何时被首次计算出来的，就不得不提到莱昂哈德·欧拉。欧拉于 1727 年首次提到欧拉常数，并在 1737 年出版的《力学》一书中首次引用字母 e 代替欧拉常数。

e 被广泛应用于科学和经济学的各个分支。在生物学中，e 被用来计算某些细菌数量或是火灾之后森林恢复速度的指数增长；在金融中，e 常被用于计算银行利息等。同样，在许多技术领域，描述电气电子现象时也会用到 e。

$$e \approx 2.718\ 281\ 828\ 459\cdots$$

据说，希腊的希帕索斯发现了无理数，他试图以分数（或是比例）的形式将 2 的平方根表达出来，但是他发现 2 的平方根无法写成一个分数，因此，它是无理数。

数学

四色定理与无限的国家

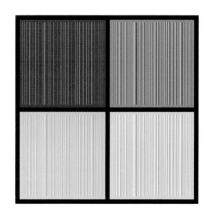

根据四色定理，要给一张有着无限多个国家的地图着色且相邻的国家颜色不重复，只需要四种颜色。假定每一个国家都只有一片领土，并且世界是圆的或是平的。每个国家的领土形状无关紧要，关键问题是知道哪些国家接壤。

自文艺复兴以来，地图绘制员们就知道，在给地图着色时，要使两个相邻国家间的颜色不重复，四种颜色就足够了。但 19 世纪之前，没有人会认为这种机制与数学之间存在什么联系，更不要说会有什么证据证明这种机制对任何类型的地图都是有效的。

四色问题起初被称为"古德里问题"，这是因为 1852 年，伦敦大学学院的一名学生——弗朗西斯·古德里（1831—1899），首次思考这一问题。古德里对自己的论证并不满意，便让他的兄弟弗雷德里克向其老师请教，他的老师，著名数学家奥古斯塔斯·德·摩根，又咨询了许多同事。

1879 年 7 月 17 日，《自然》杂志发表了首篇论证四色问题的文章，其作者是数学家阿尔弗雷德·布雷·肯普，他也因此被纳为英国皇家学会会员。遗憾的是，1890 年，60 年来一直致力于研究四色问题的英国数学家珀西·约翰·希伍德证明肯普的论证存在一些错误。于是，四色定理再次引发了一系列的猜想。

1976 年，凯尼斯·阿佩尔和沃夫冈·哈肯两位数学家在一名计算机专家的帮助下，用肯普的方法证明了四色定理。面对 1 500 多种不同布局的地图，在工作 1 200 个小时后，阿佩尔和哈肯成功运用一套计算机程序证明了四种颜色足以给任何地图着色。

这是数学界第一次接受计算机辅助证明，备受争议，也正因此，这场论证及人们对此的接纳引起了数学界最大的一次范式转换。

根据四色定理，要给一张有着无限多个国家的地图着色且相邻的国家颜色不重复，只需要四种颜色。

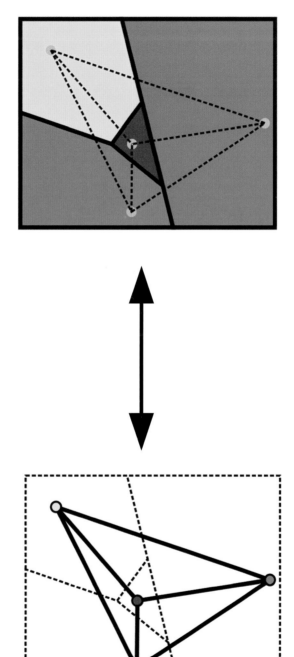

数学

无限猴子定理

$$\sum_{n=1}^{\infty} P(A_n) = \infty \Rightarrow P(\limsup A_n) = 1$$

根据无限猴子定理，让一群猴子在打字机上随意敲打，当所给时间无限时，几乎必然可以打出法国国家图书馆里任意一本给定的图书。英语国家流传的版本则是，这群猴子可以打出莎士比亚的全套著作。这里的"几乎必然"是一个有着特定含义的数学术语，"猴子"则比喻随机字母序列的创造者。

这一定理最初是由数学家埃米尔·博雷尔（1871–1956）在他 1913 年出版的《统计力学》一书中提出的。博雷尔认为，就算一百万只猴子每天打字 10 个小时，它们打出的内容也几乎不可能和世界上馆藏最丰富的图书馆中哪一本书的内容相同，但相比之下，违背统计学定律的可能性更小。对博雷尔而言，拿猴子作比喻是为了说明一件极不可能事件的不可能程度。

20 世纪 70 年代，有人提出将这一假设的时间延长至无限久，即假设有无数只猴子在无限久的时间内打字。然而，其实没必要假设这两项条件同时存在，要想将这一定理阐释清楚，一只长生不死的、一刻不停打字的猴子就够了。

令人惊讶的是，有人曾想以实际的实验对这一定理进行验证。其中最著名的便是佩恩顿动物园和英国普利茅斯大学的一群科学家于 2003 年所做的实验。他们把一个计算机键盘在关有六只长冠毛黑猕猴的笼子里放一个月。这些猴子敲出了五页的乱稿，全是长串的字母 g、s 和 q，不仅如此，它们还朝键盘扔石头甚至在键盘上排便。

埃米尔·博雷尔是测度理论的先驱，也是将测度理论应用于概率论的先锋人物。此外，他在博弈论方面的研究成就也十分显著。

数学

格奥尔格·康托尔与集合论

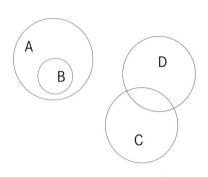

$M = \{4,6,2,8\}$

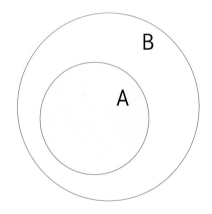

格奥尔格·康托尔（1845—1918），俄裔德国数学家。他与戴德金、弗雷格共同构建了现代数学的基础——集合论。通过对无限集的研究，康托尔首次正式提出超限数形式的无限概念。1874 年，康托尔第一部关于集合论的著作问世，他提出了一个有悖于人们直觉的概念，即无限集的大小并不总是一样的：存在不同的无限集，且无限集也有大小之分。

最为人熟知的集合便是自然数集，由 1，2，3，4 等自然数组成。但是自然数集包含的元素个数是有限的，还是多到无法计量呢？康托尔首先发现，自然数集是由其他拥有相同元素数量的集合构成的。例如，偶数集的元素个数与整数集的元素个数相同。如果在偶数集和自然数集之间建立起对应关系，我们就会看到，对于自然数集中的每一个自然整数而言，在偶数集中都有一个偶整数与之对应。这就意味着，首先，自然数集是一个无限的集合，也就是说，自然数集的部分也应当是无限的，因为偶数集是自然数集的一部分，而偶数集中所包含的元素也是无限的。

因此他推断有些无限集比另一些无限集更大。为了将这一发现阐述清楚，他创造出了超限数的概念，用来表示集合中无限的程度。因此，我们知道，无限是有程度、有变化的；反过来，这些程度和变化又属于不同大小的无限，有些无限集比某些包含了其他无限集的无限集更大。此外，希伯来语字母表中的第一个字母 ℵ（aleph）被用于表示无限集的无限程度。

康托尔对无限层级的研究被他的导师克罗内尔教授称为数学疯狂。众人对康托尔定理的普遍反对，再加上建立连续统假说的徒劳无功（无法以集合论证明），使这位数学家心力交瘁。1884 年，康托尔开始表现出精神病的症状并偶尔发作，最终病逝于一家精神病医院。

康托尔定理指出，对于每一个无限而言，都存在一个更大的无限，因此存在无限的无限。

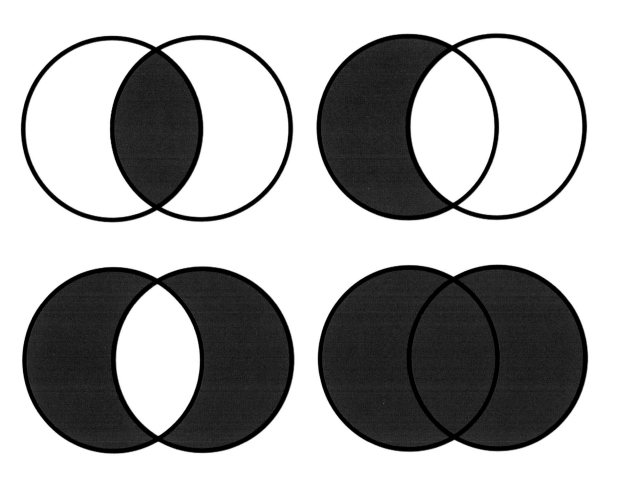

数学

黄金数字

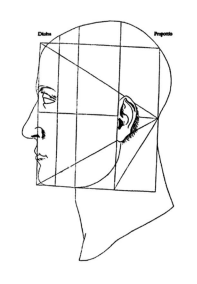

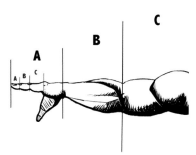

黄金数字，也被称为黄金比例、黄金分割或神圣比例，为了纪念雕刻家和建筑师菲狄亚斯（公元前490—前431），用希腊字母 φ（phi）表示。黄金数字是一个无理数，即无限不循环小数。古时候的人们早已发现了黄金数字的存在，但并不是以一个完整的数字的形式，只是以两条线段之间的比例或关系被发现的。

直到20世纪，黄金数字才有了自己的代表符号，但其发现历史可以追溯至古希腊时期。早在那个时候，黄金数字就已经大名鼎鼎，并在建筑设计中被用来确定雕塑和庙宇的平面及立面的比例，菲狄亚斯设计的帕特农神庙就是一个很好的例子。欧几里得是按照公式 $(a+b)/a=a/b$，以线与线间的比例对黄金数字进行描述的第一人。对这一公式，他是这样解释的："将一条线段分成两段，当全线段与长线段之比等于长线段与短线段之比时，该线段就是以中末比进行分割的。"

文艺复兴时期，黄金分割被广泛运用，特别是在视觉艺术和建筑设计中。长宽之比为黄金比例的矩形被称为黄金矩形。在列奥纳多·达·芬奇的主要作品中也可以找到黄金分割的存在。众所周知，列奥纳多对艺术和自然中的数学兴趣浓厚，事实上，《维特鲁威人》——1509年被用作卢卡·帕西奥利《神圣的比例》一书的封面——就体现了人体与黄金分割之间的关系。此外，《蒙娜丽莎》的脸也呈现出一个完美的黄金矩形。米开朗基罗在其著名的《大卫》雕塑中同样运用了黄金比例，例如借助黄金比例确定肚脐应位于什么高度以及手指关节的位置。

我们每天都会接触到设计中融入了黄金数字的物体，比如大多数信用卡的形状都是黄金矩形。在自然界中，也有很多元素与黄金分割有关（或者与斐波那契数列有关，黄金分割与斐波那契数列关联紧密），比如花瓣在花朵上的排列方式、叶脉之间的关系；此外，正如达·芬奇与米开朗基罗指出的那样，人体解剖学也涉及黄金分割。

公式：$\varphi = \dfrac{1+\sqrt{5}}{2} \approx 1.618\ 033\ 988\ 749\ 894\ 848\ 204\ 586\ 834\ 365\ 638\ 117\ 720\ 309\cdots$

公元前432年左右，菲狄亚斯运用黄金比例雕刻了古代七大奇迹之一的《奥林匹亚宙斯巨像》。

Φφ

数学

莫比乌斯带

奥古斯特·费迪南德·莫比乌斯

奥古斯特·费迪南德·莫比乌斯（1790—1868），德国发明家、数学家和天文学家，因发现莫比乌斯带而闻名。莫比乌斯带是一个二维曲面，只有一个面和一个边缘，是不可定向曲面的典型例子（即右侧能变成左侧，反之亦然）。几乎在同一时间，约翰·本尼迪克特·利斯廷也发现了这种图形。

这种图形被称为莫比乌斯带或莫比乌斯环，在三维空间中也能构建出这一结构，先将一条纸带的一端旋转180度，再把纸带两端粘上，就能制作出一个莫比乌斯带。莫比乌斯带只有一个面。乍看之下，似乎有两个面，但使用铅笔可以帮助我们很容易地辨认出它其实只有一个面——沿着带子画线，我们会发现不用跨越边界就能回到起点。莫比乌斯带另一个有趣的特性在于它是不可定向的，这意味着我们无法辨别其顶部和底部，也无法区分右侧和左侧。

在实际生活中，莫比乌斯带的应用十分广泛。例如，汽车的传动带或自行车链条需绕着汽缸转动，将旋转运动从一处传递至另一处。不断重复的话，与汽缸之间的摩擦会使带子受到磨损。如果我们使用圆柱状的带子（没有扭曲），那就只有带子内侧会受到磨损，而外侧依旧完好。但是，如果使用莫比乌斯带，在转完一圈之后，就会变成另一侧与汽缸接触（虽然我们知道莫比乌斯带只有一个面），在下一圈时又会交换摩擦面。这样，带子两面的磨损频率相同，使用寿命就延长了一倍。这一结构也被用在传送带、录音带（这样一来录音带的两面都能录音，录音时长就能翻倍）等类似装置上。

如果把录音带纵向切成两半，我们并不能得到两条等长的带子，而是得到一条长度为原录音带两倍的带子。如果我们再把得到的带子纵向切成两半，我们最终会得到两条连在一起的等长的带子。

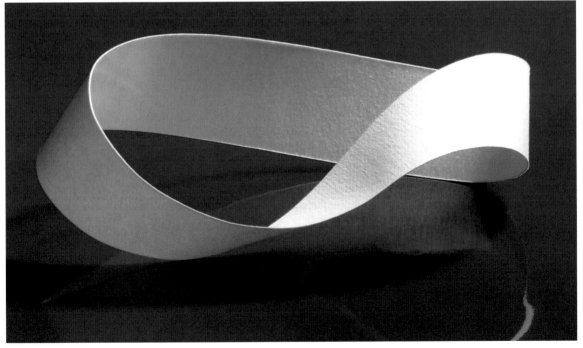

数学

阿基米德螺线

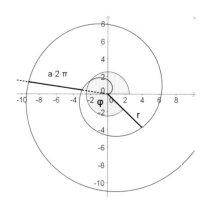

阿基米德螺线，也被称为等速螺线或算术螺线，以公元前 3 世纪西西里数学家阿基米德的名字命名。阿基米德对该螺线的定义如下："如果一条射线在平面内绕其固定端点以匀速旋转，同时有一个点从射线的固定端点开始沿该射线匀速运动，那么这个点的运动轨迹就是一条螺线。"

阿基米德在《论螺线》一书中对这种螺线有过描述。阿基米德螺线的特殊之处在于螺距相等，延展和旋转的速度也相等（线性相关）。

在现实世界中，阿基米德螺线的应用十分广泛，例如将两个同等大小的阿基米德螺线穿插在一起能够制成压缩弹簧，用来压缩液体和气体。第一批留声机唱片的凹槽，即黑胶唱片的凹槽，就呈阿基米德螺线形，因为螺距相等，录音时间能够最大化。让病人绘制阿基米德螺线，可以量化人体的抖动程度，这也是诊断神经系统疾病的一项基本测试。

在投影系统中也会运用阿基米德螺线对数字光进行处理，以使彩虹效应最小化。这样，尽管实际上只是快速地循环投射了红、绿、蓝三色，看起来就像同时投射了多种颜色。

最后，值得一提的是，阿基米德在《论螺线》中运用该螺线计算弧长，解决化圆为方（构建一个正方形，使其面积与给定的圆面积相等）及三等分角（将一个角等分为三部分）问题。虽然阿基米德借助该螺线成功地解决了上述三个问题中的两个，即化圆为方和三等分角问题，然而很遗憾，希腊人要求只能用尺规解题，但是仅用这些工具并不能构建出阿基米德螺线。

阿基米德是古典时期最重要的科学家之一，他在流体静力学方面的成就非凡，此外，他还提出了杠杆原理，并发明了好几种机器。

数学

丢勒螺线

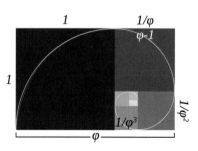

阿尔布雷希特·丢勒（1471—1528）是德国文艺复兴时期最著名的艺术家，以油画、素描、雕刻和艺术理论著作闻名于世，对 16 世纪的德国及荷兰艺术家产生了深远的影响。

丢勒的作品数量惊人且质量极高，给同代人带来了深远的影响，在艺术史上意义非凡。丢勒对几何和数学比例的浓厚兴趣、对历史的深刻见解、对自然的细致观察以及对自己创作潜力的清楚认识，都与不断求知的文艺复兴精神一脉相承。

这位伟大的画家和数学爱好者出版了《论以圆规和直尺在直线、平面及人体上测量》。这是一部很有趣的作品，旨在教授艺术家、画家以及数学家绘制几何图形的不同方法，其中包括一种复杂的螺线，这种螺线呈磬折形增长，也就是通过反复添加相似的几何图形并把这些图形的顶点连接之后得到的图形。

只有一种螺线被载入史册流传至今，它既不是阿基米德螺线，也不是对数螺线，而是丢勒螺线，这是因为尽管这三种螺线很相似，但前两种螺线仅用尺规无法绘出。丢勒螺线是一种基于黄金数字（更确切地说，是黄金矩形）绘制出的磬折形螺线。

黄金矩形是按黄金比例绘制出的矩形，其长宽之比正是黄金数字。如果在黄金矩形旁再添加一个以该黄金矩形的长为边长的正方形，那又能获得另一个黄金矩形。要是继续重复这一过程，再将所添加的正方形的两个对角用圆弧连接起来，就能得到丢勒螺线。

黄金螺线或丢勒螺线是唯一仅用尺规便能绘制出的螺线，可由长宽之比为黄金比例的矩形构建而成。

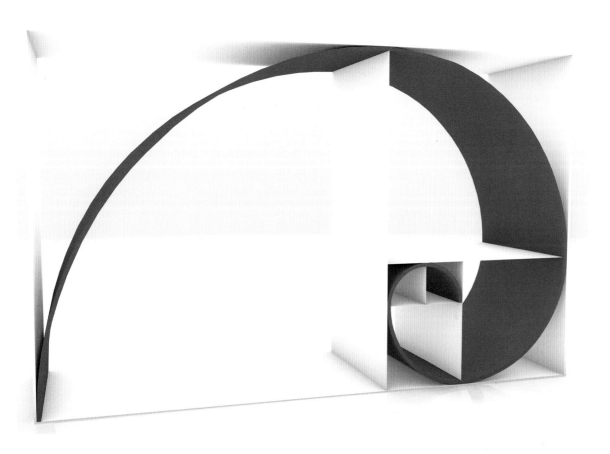

数学　　　**对数螺线**

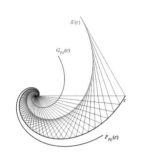

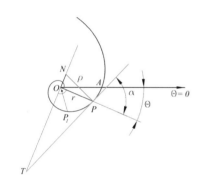

数学家雅各布·伯努利希望能以对数螺线图（半径恒定）及拉丁文 eadem mutata resurgo（"纵然变化，依然故我"）作为自己的墓志铭。然而事与愿违，伯努利逝世后，石匠偏偏在他的墓碑上误刻了阿基米德螺线（差异恒定）。

对数螺线与阿基米德螺线的不同之处在于对数螺线的螺距以几何级数递增，而阿基米德螺线的螺距是恒定不变的。

勒内·笛卡尔（1596—1648）和伯努利从 17 世纪开始研究对数螺线。在《几何》出版一年后，笛卡尔运用对数螺线解答了伽利略曾提出的一个问题（在旋转的地球上求落体运动的轨迹）。埃万杰利斯塔·托里拆利（1608—1647）是首位估测对数螺线长度的人，他所运用的方法与阿基米德的方法相似。

这两位数学家缺乏像莱布尼茨和牛顿的微积分这样有力的工具来彻底地分析对数螺线。但在 18 世纪早期，雅各布·伯努利成功地探索出对数螺线的几何性质，他为此激动不已，用了一整本书讲解对数螺线，在书中他将这一奇妙的螺线命名为对角螺线。

神奇的是，对数螺线（也被称为对角螺线或生长螺线）在自然界中十分常见。无论是在植物王国里，还是在星系中、飓风中、某些软体动物的壳上，甚至在史前的艺术作品中，都可以发现对数螺线的存在。

大自然让贝壳、海马的尾巴以及蝴蝶的喙都呈现出对数螺线的形状。

数学

斐波那契数列

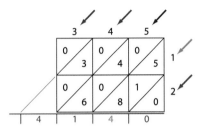

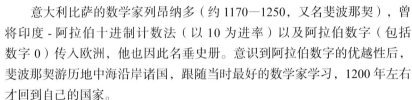

意大利比萨的数学家列昂纳多（约 1170—1250，又名斐波那契），曾将印度 - 阿拉伯十进制计数法（以 10 为进率）以及阿拉伯数字（包括数字 0）传入欧洲，他也因此名垂史册。意识到阿拉伯数字的优越性后，斐波那契游历地中海沿岸诸国，跟随当时最好的数学家学习，1200 年左右才回到自己的国家。

1202 年，斐波那契将自己所学写进了《计算之书》并将其出版。书中首次向西方世界介绍了九个印度数字和表示零的符号，还包括用这些数字进行整数和分数运算的明确规则，简单和复杂的交叉乘法，以及计算平方根的规则，甚至还有一次方程和二次方程的解法。

然而，斐波那契最著名的还是他那神奇的自然数无穷数列：0、1、1、2、3、5、8、13、21、34、55、89、144、…

1135 年左右，印度数学家发现了这一数列，但斐波那契是欧洲首位用兔子问题在《计算之书》中对这一数列进行描述的人。斐波那契提出，已知每对兔子每个月会生出一对小兔子，而新生的兔子在两个月后可具备繁殖能力，假设有一对兔子被关在繁育场，数月后，一共有几对兔子？

显而易见，斐波那契数列中从第三项开始的每一个项都是它前面两项之和。数列中的数字则被称为斐波那契数，这些数还有另一奇妙之处：随着数值的增大，后一项与前一项的比值越来越接近一个很特殊的数字，一个希腊人众所周知、并且在希腊的雕塑和庙宇中被广泛应用的数字——黄金比例。斐波那契数列在计算机科学、数学和博弈论中的应用十分广泛。此外，在生物环境中也常能发现斐波那契数列的存在，例如树枝的分布、茎干上叶子的排列、洋蓟丛以及手上骨头的比例都有斐波那契数列的影子。

在《计算之书》中，斐波那契完全摒弃了罗马数字，充分应用了阿拉伯数字。

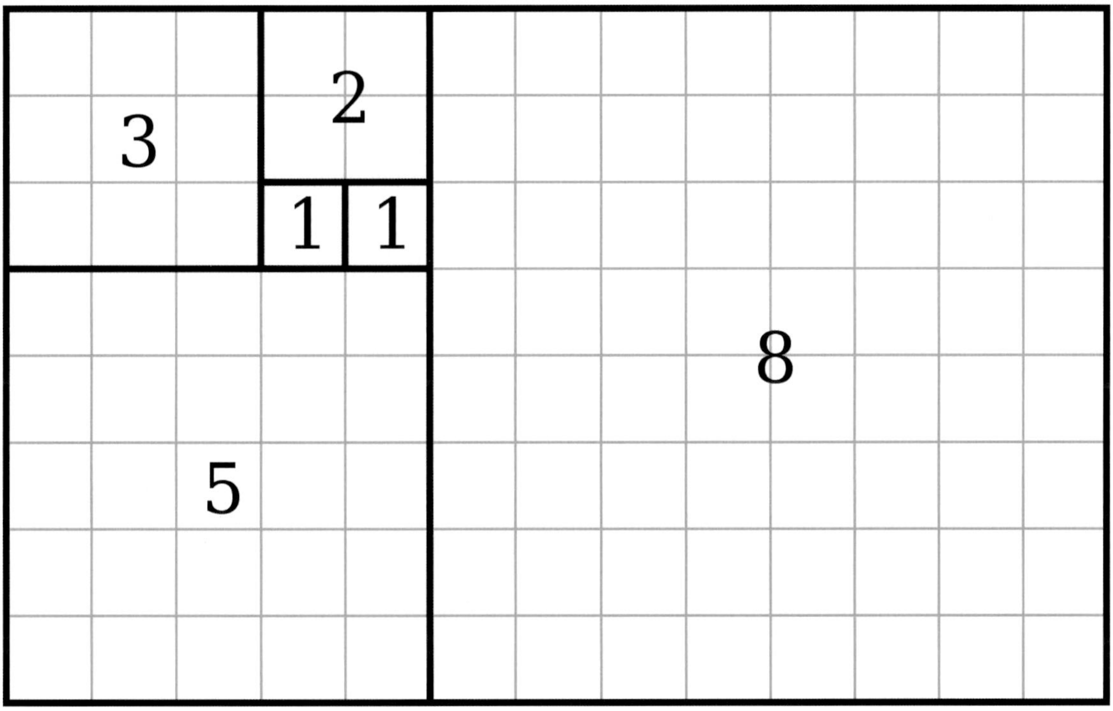
3
2
1
1
8
5

数学　　　　　　　　　　曼德博分形

数学家本华·曼德博（1924—2010）是分形几何（研究不规则性的数学）的先驱。这位教授对一些科学家从未关注的问题兴趣浓厚，例如粗糙的图案、自然界中裂纹与破碎的形态。曼德博认为，比起经典几何（其轮廓是不自然的平滑线条），在许多方面，分形都更为自然，也正因如此，分形能被人们更直观地理解。分形几何中最流行的图案便是曼德博集合。

1975 年，曼德博基于拉丁语 fractus（意为"破碎的"）创造出了术语 fractal（分形）。除少数如眼睛、月亮这样的物体外，自然界中物体的形态都是粗糙、不规则、不均匀的。在研究分形之前，数学家只关注简单的图形。对于一些数学家而言，要给分形下定义实在太复杂了，尽管分形的特性是已知的，但为分形找到一个普遍适用且完全准确的定义却十分困难。自相似性是分形的一个基本特征，即在不同尺度上存在某种不变性，换句话说，整个结构或图案的某一部分能够再现整体缩小后的形状。在不同的尺度上，不论将尺度无限缩小还是无限放大，都会再现相似的形状。

分形与无限之间的关系很特殊，正好能够说明曼德博在《英国的海岸线有多长？》（于 1967 年发表在《科学》杂志上）一文中提出的悖论——任何试图测量海岸线的人得到的结果都不一样，测量结果取决于测量范围及精确程度。这篇文章并没有宣称哪一条海岸线或地理边界属于真正的分形，从物理角度来看，这也是不可能的。其实文章的结论很简单，根据经验，从某个海岸测量出来的海岸线长度就是一组测量尺度的分形。在一个理想的分形中，例如海岸或是其他任何有着粗糙轮廓的物体，其长度都是无法测量的。

为了说明自然中分形的存在，曼德博举出了下面的例子："云不是球体，山不是锥体，海岸线不是圆圈，树皮并不光滑，闪电也不沿直线运动。"

数学

大酒店悖论

大酒店是一栋虚构的抽象建筑，涉及德国数学家大卫·希尔伯特（1862—1943）的几项思想实验，这些实验简单直观地阐释了与数学上无穷的概念相悖的事实。希尔伯特假设存在一家有着无穷多房间的酒店，房间的号码为1，2，3，4……我们要记住"无穷"并不是指"大数字"。因为无论多大的数字，只要在其基础上 +1，就总是能找到一个更大的数字。不管怎么说，欢迎你来到大酒店。

只要开门营业，无数的人就会蜂拥而至，挤满这家有着无穷多房间的酒店。这样，第一个悖论就出现了，因此需规定一点，为了保证每一个顾客都能有房间，在有新的顾客时，之前的顾客需按照要求更换房间。

如果在客满时来到酒店，顾客也无须担心，因为这家大酒店声称每个人都会有房间。顾客要住房的话，接待员会告诉他完全没问题，并让所有顾客搬到房号比原来的房号大 1 的房间里去。因此，新的顾客就能住进房号为 1 的房间。那最后一个房间的顾客呢？很简单，根本不存在最后一个房间。

酒店再次客满时，一位旅游代理人来到酒店，他有一辆无穷大的巴士，车上载有无穷多的游客，这些游客需要在这家酒店住一晚。鉴于所有的房间都已住满，要让无穷多的游客都有房间成了一个问题，但是酒店接待员成功解决了这一问题。他拿起麦克风，让所有顾客都移到房号是原来房号两倍的房间中去。这样，原来的顾客都搬到双号房间中去了，所有的单号房间就空了出来。因为奇数是无穷的，那无穷多的游客就能成功入住。

酒店再一次客满时，又一位旅行社代理人赶到，他比第一位代理人更忧心忡忡：现在旅行社有无数辆巴士，每一辆巴士上都载着无穷多的游客。酒店接待员仍然不慌不忙，他拿起麦克风，让那些房间号为质数（n）的住客搬到房号为 2^n 的房间去，之后他为每一辆巴士都编上一个质数号（p，大于 2），为巴士上的每一个人都编上一个奇数号（t），这样，每一位游客的房间号就为 p^t。因为质数是无穷的，奇数也是无穷的，那么无穷多的游客就能住进这家有着无穷多房间的神奇酒店里。

这一思想实验涉及康托尔的超限数，超限数可以用来衡量各种无穷集的大小。

数学　　　　　　　　# 托里拆利小号

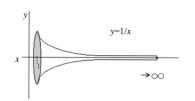

埃万杰利斯塔·托里拆利（1608—1647），意大利数学家和物理学家。他在很小的时候就成了孤儿，之后便在叔叔雅各布·托里拆利（一位讲授人文科学的僧侣）的指导下学习。1627 年，托里拆利被送往罗马，跟随罗马大学数学教授、本笃会的贝内德托·卡斯特利（1579—1645）学习科学，卡斯特利也是伽利略的第一批学生。

1643 年，托里拆利发现了气压计的原理，以此证明了大气压强的存在，并提出流体力学的基本原理。此外，他还发明了奇妙的加百利号角或托里拆利小号，这是一种表面积无限大但体积有限的几何图形。这一明显有悖的论述可以这样解释：把托里拆利小号的内表面刷一遍需要无限多的油漆，但灌满整个托里拆利小号只需要有限的油漆，这样，小号的表面也就布满了油漆。

从数学的角度说，这也解释了为什么将曲线 $y=1/x$（双曲线）中 $x \geq 1$ 的部分绕着 x 轴旋转一圈所形成的图形表面积无限大，但体积却有限。要计算这一图形的体积，需将曲线 $y=1/x$ 绕 x 轴旋转所得的以 y 为半径的所有圆的面积相加，从而得出的结论是：该图形的体积是有限的。至于其表面积，只需将所有以 y 为半径的圆的周长相加，但是经过计算会发现，该图形的表面积是无限大的。

如果厚度保持不变，要给无限大的面积刷满油漆需要无限多的油漆，这样似乎能解决上述悖论。但对于托里拆利小号的内表面来说，这并不适用，因为小号的大部分地方都刷不了漆，特别是当小号的直径比油漆分子还小时。如果是正常厚度的油漆，要想刷到小号的"末端"，则需要无限多的时间。

换句话说，小号的壁厚早晚会小于油漆分子，比方说，一滴油漆就能覆盖剩下的小号表面（即使其表面积是无限的）。因此，虽然小号的表面积无限大，但这并不意味着灌满小号需要无限多的油漆。

托里拆利小号是一种表面积无限大但体积有限的几何图形。

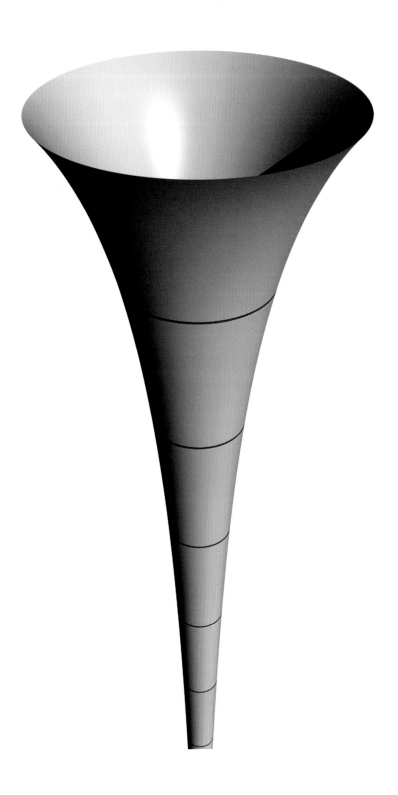

数学

佩德罗·努内斯与恒向线

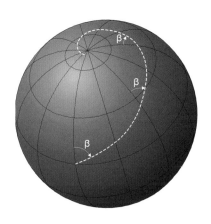

　　恒向线，又称斜航线（loxodrome, loxos 意为倾斜的，dromo 意为道路），是地球上两点之间与所有经线保持等角相交的曲线。恒向线正好与罗盘所指的路线一致，因此，恒向线在航海中被广泛应用。恒向线在地图上的形状取决于投影的类型，例如在墨卡托（地图制作家）的投影上，恒向线是一条直线，但在地球仪上，它是一条螺线。

　　葡萄牙地理学家佩德罗·努内斯（1502—1578）曾研究过恒向线，并于 1546 年将研究发现发表在《航海条约》上。在此之前，人们都认为要使一条固定的恒向线横跨地球表面，那恒向线与经线之间的角度就要保持恒定，而恒向线覆盖的区域被认为是地球上最大的圆。换句话说，从理论上讲，一艘船沿着恒向线一直开的话，将会环绕地球一圈，最终又将回到起点。

　　这一错误的观念在人们心中根深蒂固，而努内斯则是指出其错误的第一人。他证明了这艘船根本不可能回到起点，而是越来越靠近极点，虽然它将无限地靠近极点但却永远不会到达。用专业语言讲，恒向线与极点位于两个渐进点上，这是因为在同一经线上，恒向线上两点之间的距离会随着纬度的升高而减小。

　　佩德罗·努内斯是 16 世纪最重要的数学家、天文学家和地理学家。他发现了最短的黄昏，并发明了游标（一种测量长度的仪器）；游标的发明使借助辅助尺测量角度分数成为可能。

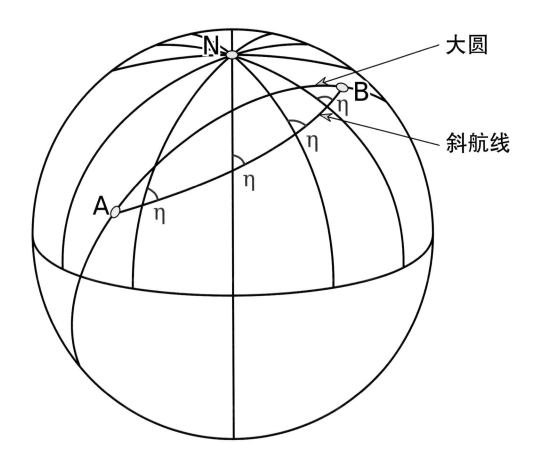

大圆

斜航线

数学

阿伏伽德罗数

N_A=6.022 141 29 (27) $\cdot 10^{23}$ mol^{-1}

阿莫迪欧·阿伏伽德罗（1776—1856），也被称为夸雷尼亚及切雷托伯爵，意大利物理学家及化学家，1834—1850 年在都灵大学担任物理学教授。他提出了以自己名字命名的阿伏伽德罗定律，即在相同的温度和压力条件下，同体积的任何气体都含有相同数目的粒子。他发现诸如氢气和氧气这样简单的气体属于双原子分子（H_2，O_2），此外，他还将水的分子式定为 H_2O。

为了纪念阿伏伽德罗，人们将一摩尔物质中的分子数称为阿伏伽德罗常数或阿伏伽德罗数（N_A）。阿伏伽德罗数的数值很大，等于 6.023×10^{23}，接近一百万的四次方：

602 300 000 000 000 000 000 000

摩尔的定义使所谓的"物质的量"（与质量不同）的意义得以明晰化：物质由原子、离子、分子、电子等基本粒子组成。从某种意义上讲，在特定的过程中，它们是物体存在的基础。例如，由原子、离子或分子组成的两种物质，如果它们含有相同数量的原子、离子或分子，那么它们就具有相同数量的物质。摩尔的概念正是确定了一个单位内基本粒子的数量：一摩尔包含 N_A 个基本粒子。因此，一摩尔氢原子含有 6.023×10^{23} 个氢原子，一摩尔氢分子含有 6.023×10^{23} 个氢分子。当摩尔被用作物质的量的单位时，必须说明具体的基本粒子是什么（例如一摩尔原子、一摩尔分子，等等）。

摩尔定义的准确性使得克原子（原子的摩尔质量，根据给定物质的原子量计算得出）、克分子（一摩尔分子的质量，根据给定物质的分子量计算得出）等概念变得多余。

阿伏伽德罗数指的是在一定量的元素中有多少原子，这些原子的重量（以克计）等于该元素的原子质量。碳的原子质量约为 12，因此 12 克碳中含有 N_A 个碳原子。

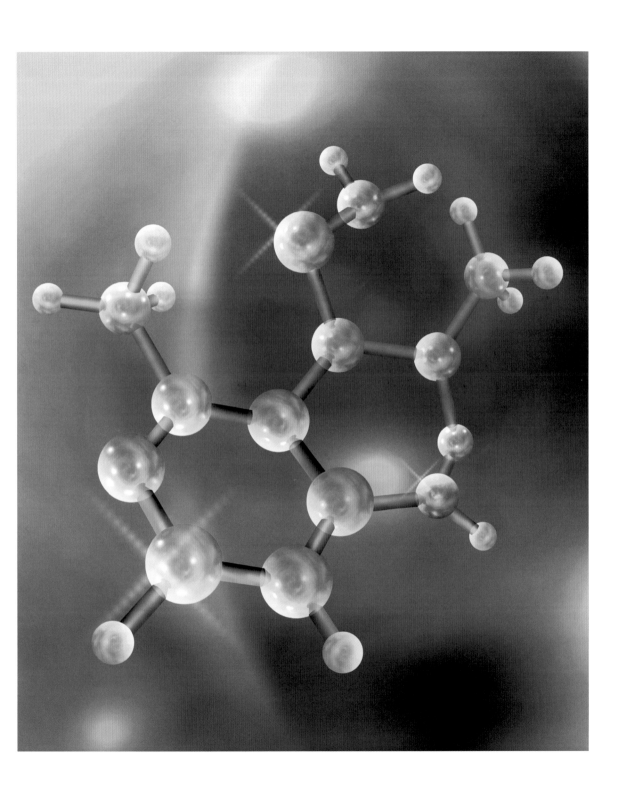

数学 　　　　　　　　**高斯帕曲线**

比尔·高斯帕（1943），美国数学家和程序师，同理查德·格林布拉特一同被认为是黑客团体的创始人，在 Lisp 界地位特殊。高斯帕还研究过实数的连分式表达，并提出了求出超几何恒等式封闭形式的算法（现在以高斯帕的名字命名），正因此，高斯帕闻名于世。

1973 年，高斯帕对科赫岛的一种变体图形展开了研究，其生成元是一个六边形。该图形具有平铺图形的特征，也就是说它可以覆盖整个平面，同时还像分形物体一样具有自相似性。高斯帕基于科赫岛构建出了一种漂亮的空间填充曲线，并以自己的名字将其命名为高斯帕曲线。高斯帕曲线是一条极限曲线，由一连串折线构成，每一段折线在每次迭代中都会沿不同方向翻折。由高斯帕曲线界定的空间是一个分形，称为高斯帕岛，看起来像一个齿轮或是一片雪花。

出于类似的原因，每一个高斯帕岛都可以分为七片区域（呈六角形），每一片区域都与整体呈相似性。实际上，在二维平面中，将七个高斯帕岛连在一起可以组成一个形状相似但比单个高斯帕岛大 √7 倍的图形。虽然不能将几个六角形并置组成一个更大的六角形，但高斯帕岛的变形使得它可以被划分为七个部分。与此相似，高斯帕岛也可以延伸成一条覆盖整个平面的无限曲线。

在平面内，尽管七个高斯帕岛的表面积比中心单个高斯帕岛的表面积大 7 倍，周长也大 3 倍，但如果按照传统尺度方程来计算，只比中心的高斯帕岛大 2.6 倍左右。

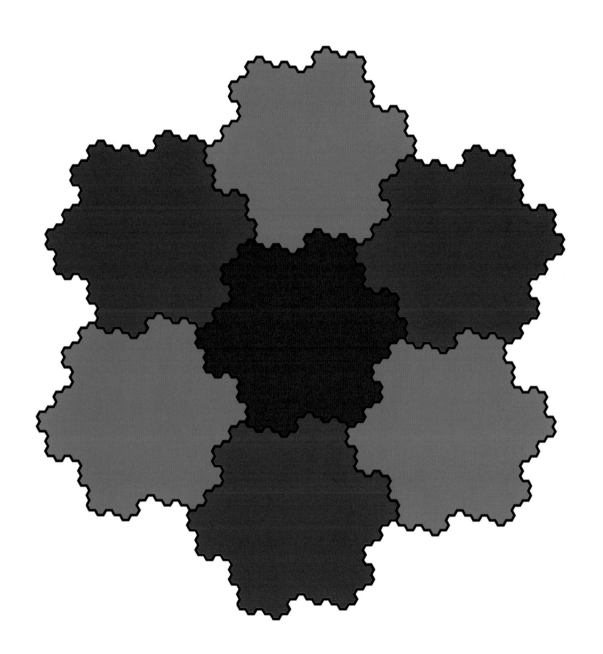

数学

双纽线

英国数学家约翰·沃利斯（1616—1703）在他的微积分先导著作《无限算术》（1655）中以符号 ∞ 来表示无限的概念。这个符号被称为双纽线。

在数学中，双纽线是一种曲线，可以在笛卡尔坐标系中由如下等式表示：

$$(x^2 + y^2)^2 = a^2 (x^2 - y^2)$$

该等式所代表的曲线与 ∞ 的形状相似。

双纽线最初在 1694 年由雅各布·伯努利（1654—1705）提出，他将曲线形椭圆的定义修改为：到两个定点距离之和为定值的点的轨迹。相反，双纽线是到两定点距离乘积为定值的点的轨迹。伯努利将其称为"双纽线"，拉丁语意为"吊坠带"。

双纽线是双曲线的反演图形，反演圆的中心即双曲线的中心。

18 世纪，双纽线弧长的确定使得人们发现了椭圆积分。1800 年左右，卡尔·弗里德里希·高斯研究了这些积分中涉及的椭圆函数。这些研究成果很久之后才得以出版，但高斯在他的著作《算术研究》的注释中提到过它们。基本周期对（有序复数对）定义的网状结构形式特殊，与高斯整数成比例。因此，虚数单位的复数乘积的椭圆函数集被称为双纽线集。

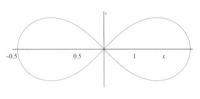

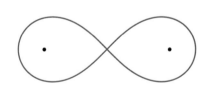

约翰·沃利斯一生对三角函数、微积分、几何和无穷级数的分析做出了重大贡献。

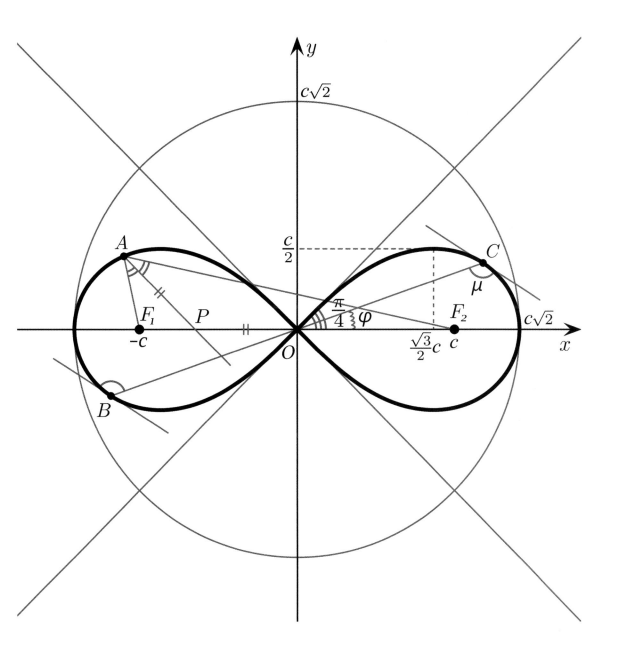

数学

除以零

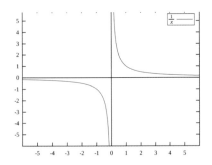

在数学中，除以零是除数为零的除法；然而零是唯一无法做除数的实数，因为零是唯一不能做乘法逆运算的实数，$n \cdot 0 = 0$。

17世纪中叶出现了这个问题，当时零和负数的使用开始在印度流行。第一个尝试并解决这个问题的是印度数学家巴斯卡拉一世，他推导出 $\frac{n}{0} = \infty$。

表达式 $\frac{n}{0}$ 是不定数。然而，如果 $n=0$，就可以得到表达式，这是一个不定式 $\frac{0}{0}$，意味着用一个数来除以零得到的结果是不定数。如果被除数不是零，或者说是其他的不定数，那么任何返回值都是无效的；如果被除数是零，那么任何返回值都是有效的。诸如 8：0 和 0：0 之类的表达式是没有意义的，因为将8分成零份或将零分成零份毫无意义。这一概念很直观，常识足以回答。

从数学分析的角度来看，用极限的概念可以解决除以零的不确定性。假设我们有以下表达式：

$$f(x) = \frac{n}{x}$$

其中 n 是自然数（非零且无限），要计算 $f(0)$ 的值，可以使用右边的极限近似值：

$$f(0) \simeq \lim_{x \to 0} \frac{n}{x} = +\infty$$

或是左边的

$$f(0) \simeq \lim_{x \to 0} \frac{n}{x} = -\infty$$

当 x 的值趋近于零的时候，n/x 趋近无穷大（或正或负）。通常可以这样表达：当 x 趋近于零的时候，n/x 接近无穷大：

$$f(0) = \frac{n}{0} \simeq \infty$$

然而，尽管实践中这一定律可以接受，但它会产生数学悖论，被称为不同的无限数。

在计算机信息处理中，特别是在编程中，除以零是经典的逻辑错误。许多传统的计算机除法运算使用的是递减法，当除数为零时，由于被除数永远不会改变，余数会无限地产生。之后应用程序运行会进入无限循环。

数学　　　　　　　　**概率论**

$P\left(A_1 \dot{\cup} A_2 \dot{\cup} \cdots\right)=\sum P\left(A_i\right)$

$0 \leqslant P(A) \leqslant 1$

概率论是研究随机事件发生可能性的数学分支，为了预测可能出现的结果，将科学的确定性与偶然现象的不确定性相结合。

概率论是由概率的不同概念演变而来的。一方面，古典概率论认为任何可能的结果出现的可能性相等（等概率事件）。这种对概率的理解属于先验主义。当一个随机的实验有 n 种可能结果，并且所有可能的概率相等，我们就会使用古典的方法来估算每种结果可能出现的概率。因此，每个结果出现的概率都是 $1/n$。想象一下，例如有一个六面骰子，掷出数字 5 的概率与掷出其他数字的概率相等，都是 1/6。

另一方面，频率理论将概率定义为经过大量尝试后观测到某一事件出现的相对频率，或者在条件稳定的情况下，长时间内某事件发生的频次。该方法将某一事件过去发生的相对频率作为概率。我们确定该事件过去发生的频率，并使用该频率来预测它再次发生的可能性。

如果在相同条件下多次重复实验，则产生某一结果的次数与实验总次数的比率是固定的。这一属性由雅各布·伯努利提出，称为大数定律。用相对频率法算出的是估算概率，而不是确切概率。随着观测次数的增加，估算概率就越接近真实概率。例如，投掷硬币的次数越多，正面和反面出现的概率就越接近 50%。 如果你可以无限次地投抛硬币，你最终会得到正反各出现 50% 的确切结果。

概率论始于对机会博弈的分析，但目前也应用于经济和金融、量子物理学和统计学等领域。

数学 乐高，无限互联的能力

乐高是一家丹麦玩具公司，因其可以拼插的塑料积木而闻名于世。该公司于 1932 年取名为乐高（LEGO），LEGO 源于丹麦语短语"leg godt"，意为"尽情地玩"。

1918 年 1 月 28 日，奥勒·柯克·克里斯蒂安森在比隆德开了一个木匠铺，并在一小队学徒的帮助下，以为当地农民修建房屋、制作家具谋生。1924 年，奥勒·柯克的木匠铺被烧毁，可他却将这次灾难看作扩建店面、拓展业务的机遇。为了最小化生产成本，奥勒·柯克开始生产他们产品的比例模型作为设计模型。他们的微型梯子和烫衣板给了他创作玩具的灵感。

1932—1949 年，乐高几乎完全专注于生产木制玩具。之后，随着塑料的普及，乐高开始制造使公司享誉世界的传奇互锁块。互锁块的材质是醋酸纤维素，风格上以传统木制积木为基础，可以堆叠；但因为互锁节点和凹槽的创新设计，连接更为牢固。

1969 年，奥勒·柯克推出了专为幼童设计的得宝系列。得宝积木比乐高积木大得多，因此更安全。但是这两个系列相互兼容：乐高积木很容易与得宝积木连接，这让孩子长大之后玩乐高积木时能很快上手。

乐高积木的基本特征之一就是每一块都是系统的一部分。每个新的配置和系列都与系统的其他部分完全兼容，无论其尺寸、形式或功能如何，乐高部件都可以与其他所有部件配合使用：仅用 8 块 2×4 的积木就有 8 274 075 616 387 种拼法，这让我们深刻认识到它们之间的互联性。

乐高积木包括 2 000 块不同的积木，共有 55 个颜色。最常见的是红色、黄色、蓝色、白色和浅灰色。乐高有一段时间没有生产绿色的积木，就是为了防止这些积木被搭建成军车，那样的话，他们的积木就变成了战争玩具。

数学　　　　　　　　　# 古戈尔和古戈尔普勒克斯

$Googol_{(n)} = n^{(n^2)}$
$Googol_{(2)} = 2^{(2^2)} = 2^4 = 1.00.00_{(2)} = 16_{(10)}$
$Googol_{(3)} = 3^{(3^2)} = 3^9 = 1.000.000.000_{(3)} = 19.683_{(10)}$
$Googol_{(4)} = 4^{(4^2)} = 4^{16} = 1.0000.0000.0000.0000_{(4)} = 4.294.967.296_{(10)}$
$Googol_{(10)} = 10^{(10^2)} = 10^{100}$

　　1 古戈尔（googol）表示的是 1 后面跟着 100 个零的基数，用科学记数法表示为 10^{100}。大致相当于 70 的阶乘，它仅有的素因数是 2 和 5（各乘100 次）。 在二进制系统中 1 古戈尔将占用 333 比特。

　　古戈尔在数学上并不是特别重要，也没有实际用途。"古戈尔"这一术语是美国数学家爱德华·卡斯纳九岁的侄子米尔顿·西罗蒂于 1938 年创造的，爱德华·卡斯纳在其著作《数学与想象》一书中介绍了这一概念。卡斯纳用"古戈尔"来说明大到难以想象的数字和无限大之间的差异，有时也将"古戈尔"用于数学教学之中。

　　卡斯纳进一步将"古戈尔普勒克斯"（googolplex）定义为 10 的 1 古戈尔次幂（10^{googol}），这个数字极大，大到难以计算，古戈尔普勒克斯表示的是 1 后面跟着 1 古戈尔个零。从物理的角度看，1 古戈尔大于已知宇宙中的原子数（原子数只有 10 的 78 次方），所以即使我们想写出古戈尔普勒克斯的具体数值，也是心有余而力不足，因为写出这个数字所需的纸比宇宙还大。

　　事实上，古戈尔一词与著名搜索引擎谷歌的名称相似并非偶然。谷歌的创始人最初将其称为古戈尔（Googol），这一名字是为了表明该搜索引擎涵盖大量网站的意图，但由于拉里·佩奇拼写错误，最终名字成为谷歌（Google）。但有人回忆，是一个名叫肖恩·安德森的研究生将拼写搞错了。然而， Googleplex 作为谷歌总部的名称是十分恰当的。

　　1 googol $=10^{100}=$ 10 000 000 000 000 000 000 000 000 000 000 000 000 000 000 000 000 000 000 000 000 000 000 000 000 000 000 000 000 000 000 000 000 000

爱德华·卡斯纳（1878—1955）是哥伦比亚大学数学系的一位退休教授。为了表明无限究竟有多大，他提出了"古戈尔"，虽然这一数字大到无法想象，但它远远称不上无限。

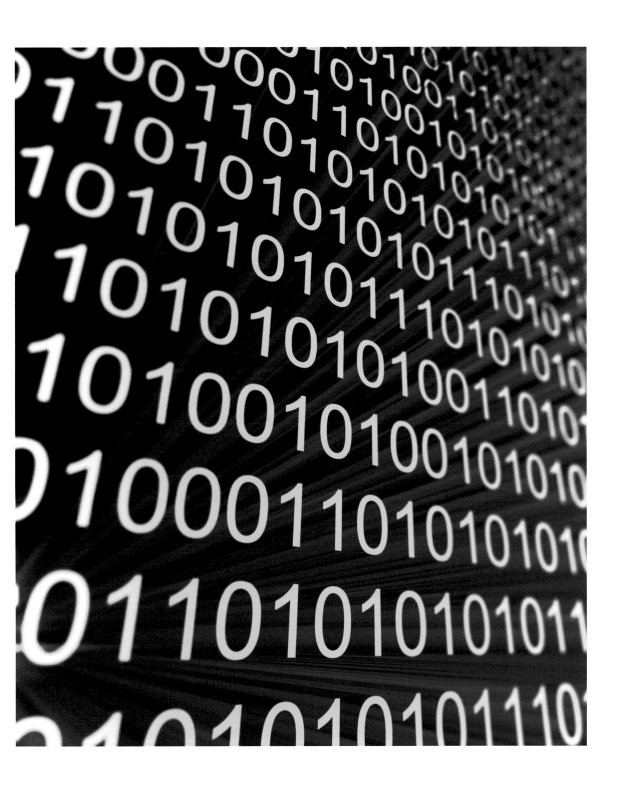

数学

欧几里得定理

欧几里得是希腊的一位数学家（公元前325—前265），被称为几何学之父。世人对他的生活几乎一无所知：或许他在雅典学习，住在亚历山大，在那里他创办了一所数学学校。毫无疑问，欧几里得最有名的著作是《几何原本》。据说这是继《圣经》之后历史上发行量最大的一本书，直至最近，《几何原本》都是世界上几乎所有学校的初级几何教学中的必备书。

《几何原本》共有13卷。前六卷研究初等几何。接下来的四卷专门讨论算术问题，其中包括众所周知的成果，如计算两个数的最大公约数的算法，以及毕达哥拉斯定理最有名的演示。最后三卷研究立体几何。为向人们演示清楚，欧几里得运用了逻辑结构，因此为建立数学命题的经典方法奠定了基础。《几何原本》是有史以来第一篇关于数学的专著。

欧几里得在《几何原本》第九卷第20个命题中证明由素数组成的集合是无限的，他是第一个证明这点的人。他运用了反证法，假设素数 p 是最后一个素数。欧几里得定理的证明很简单：假设 p 是最大的素数，我们再假设另一个数 q，它由所有素数相乘直到 p，然后加 1 得到。

$$q=(2 \cdot 3 \cdot 5 \cdot 7 \cdots \cdot p)+1$$

显然 q 不能被任何素数整除，因为它会产生余数 1，那么 q 只能被 1 和它自己整除，也就是说 q 将是质数。然而，q 大于 p，所以 p 不是最大的素数。因此，不可能存在一个最大的素数，所以我们可以验证存在无限个素数。

由于证明了无限个素数的存在，因此，每个时代的数学家都试图找到一个产生素数的公式，但迄今为止仍未成功。

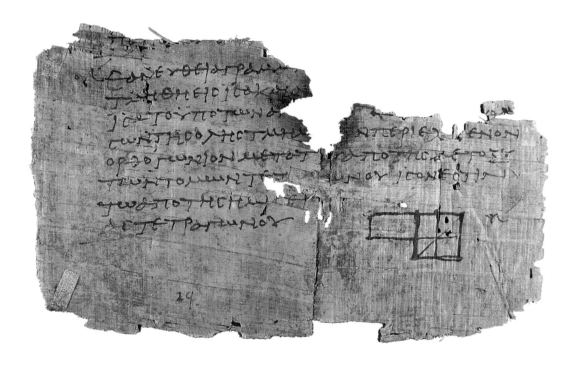

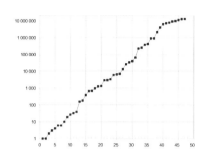

数学　　　　　　　　**梅森素数**

马林·梅森（1588—1648）是一位热衷于科学研究的修道士，他始终跟随伽利略的脚步。伽利略的作品发表在《伽利略机械论》（1634）和《伽利略新思想》（1630）中。梅森创立了巴黎女子学院，这所学校是当时欧洲学者（笛卡尔、费马、帕斯卡等）相互交流的中心，它推动了那个时代数学的发展。虽然梅森的专业并非数学（他对神学、哲学和音乐更感兴趣），但他在科学方面做出了一些贡献，他因力学（钟摆法则）和声学方面的原创性贡献闻名于世。

梅森编写了《数学物理随感》，这本书主要介绍了梅森数和梅森素数。如果 M 比 2 的幂小 1，用公式表示是（$M_n = 2^n - 1$），式中，M 是梅森数。梅森素数是梅森数中为素数的数。例如，7 是梅森素数，因为它满足以下条件（$7 + 1 = 8 = 2^3$）。他还编制了指数小于或等于 257 的梅森素数表，并指出这些素数是所有的素数。事实证明，梅森素数表仅有部分正确，存在的错误包括诸如 M_{67} 和 M_{257} 等合数，并且漏掉了素数 M_{61}、M_{89} 和 M_{107}。此外，更大的梅森素数的发现证明他的猜想是错误的。梅森没有说明自己是如何列出梅森素数表的，严密的验证也是在两个世纪之后才完成。

目前已知的梅森素数有 47 个，其中最大的是 $M_{43\,112\,609} = 2^{43\,112\,609} - 1$，这个数字差不多有 1 300 万位数。在一定时期内已知的最大素数几乎都是梅森素数。通过互联网梅森素数大搜索项目（Great Internet Mersenne Prime Search，GIMPS）计算出了十二个最大的梅森素数，该项目使用了世界各地志愿者的计算机。

$$M_{(n)} = M_{ab} = 2^{ab} - 1 = (2^a)^b - 1^b = (2^a - 1)\sum_{k=0}^{b-1}(2^a)^k 1^{b-1-k} = (2^a - 1)\cdot(1 + 2^a + 2^{2a} + 2^{3a} + \cdots + 2^{(b-1)a})$$

九个已知的最大素数都以梅森的名字命名。此外，梅森数的计算公式很简单，所以存在相对简单的算法。

数学

化圆为方

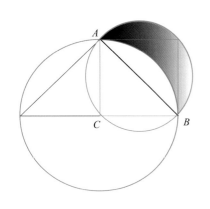

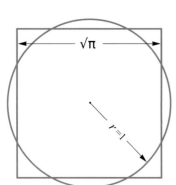

古希腊的数学家一直对化圆为方问题如痴如醉，2 000 多年来，这一问题又让无数的学者为之着迷。1882 年，德国数学家费迪南德·林德曼（1852—1939）得出了该问题的答案，他能证明数字 π 小数点后有无穷多位。

我们来看看数字 π 的性质与圆的面积之间的关系。事实证明，要解决化圆为方问题，可以创建一个周长与圆周长相等的正方形，这也就意味着我们可以用一条线将圆沿着圆周围起来，测量该线段的长度并将其均分成 4 段，分别构成正方形的四条边，并且该正方形位于内切正方形和外切正方形之间。然而，虽然这个概念看似简单，而且应该有一个合理的解决方案，但实践证明它是完全不可行的。

这是因为圆的周长是 $2\pi r$，而 π 是超越数，是无限不循环小数，没有任何数的根是 π。因此，它永远不能表示为有限数字、分数、根或数字的组合，也不能使用诸如尺子和圆规等几何工具来测量。因为 π 的无理性，显然没有人可以化圆为方，所以这是不可能完成的任务。从阿基米德生活的时代起，人们就怀疑化圆为方问题不可实现，现在已证明它确实不可实现。

用于表示这一常数的希腊字母 π 来自希腊词 περιφέρεια（外围）和 περίμετρον（周长）的首字母。

数学 — **皮埃尔·德·费马未发表的定理**

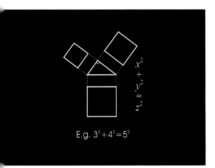

E.g. $3^2 + 4^2 = 5^2$

皮埃尔·德·费马是 17 世纪的律师和数学爱好者，他为数学做出了许多贡献。费马的著作涵盖数学的许多方面，包括重建希腊数学家阿波罗尼乌斯的一些证明，创新代数解法。

他著作中的一个细节一直令人们好奇：费马经常在书的空白处记载他对一些问题的解决办法。费马曾在希腊读本《丢番图算术》的副本中写下了一个鲜为人知的注释："不可能将一个三次方分成两个三次方之和，也不可能将一个四次方分成两个四次方之和，或者概括地说，不可能把任何一个次数大于 2 的方幂分成两个同次方幂的和。我发现了非常惊人的证法，但是空白太窄无法写下。"

这个注释成为数学中有待证明的最重要命题之一。三个多世纪以来，数学家一直急切地想要找到这个问题的证明方法。据说为了找到证法，欧拉要求突击搜查费马的房子，但仍未找到。

据了解，费马通过无限递降法证明 $n=4$ 的情况，可能他认为这种解决方案足以应对一般情况，或者他已经放弃寻找解决方案，因为旁注仅供个人使用，没有必要纠正它们。

1995 年，英国学者安德鲁·威尔斯最终使用数学手段发现了费马大定理的证明方法，他使用的这些数学手段在费马逝世后很久才出现，这意味着费马肯定以另一种方式找到了证明方法。

在数学和证明理论中，无限递降是一种证明自然数命题的方法，其中没有哪个子集的自然数全都满足某一特定的性质。

Arithmeticorum Liber II. 61

interuallum numerorum 2. minor autem
1 N. atque ideo maior 1 N. + 2. Oportet
itaque 4 N. + 4. triplos esse ad 2. & ad-
huc superaddere 10. Ter igitur 2. adscri-
tis vnitatibus 10. æquatur 4 N. + 4. &
fit 1 N. 3. Erit ergo minor 3. maior 5. &
satisfaciunt quæstioni.

ζ᾿ ἰνὸς ὁ ἄρα μείζων ἴσαι ζ᾿ ἰνὸς μ² β. δυ-
σοι ἄρα ἀριθμοὶ δ᾿ μονάδας δ᾿ τριπλασίονας
ἐ) μ² β. ἐ ἔτι ὑπερέχειν μ² ῑ. τρὶς ἄρα
μονάδας β᾿ μ᾿ μ᾿ ῑ. ἴσαι εἰσὶν ςς᾿ῑ᾿ δ᾿ μονάσι
δ. κ) γίνεται ὁ ἀριθμὸς μ²γ. ἴσαι ὁ μὲν ἐλάσ-
σων μ᾿ γ. ὁ δὲ μείζων μ᾿ ῑ. κ) ποιεῖ τὸ
πρόβλημα.

IN QVAESTIONEM VII.

CONDITIONIS appositæ eadem ratio est quæ & appositæ præcedenti quæstioni, nil enim
aliud requirit quàm vt quadratus interualli numerorum sit minor interuallo quadratorum, &
Canones iidem hic etiam locum habebunt, vt manifestum est.

QVAESTIO VIII.

PROPOSITVM quadratum diuidere
in duos quadratos. Imperatum sit vt
16. diuidatur in duos quadratos. Ponatur
primus 1 Q. Oportet igitur 16 — 1 Q. æqua-
les esse quadrato. Fingo quadratum à nu-
meris quotquot libuerit, cum defectu tot
vnitatum quod continet latus ipsius 16.
esto à 2 N. — 4. ipse igitur quadratus erit,
4 Q. + 16. — 16 N. hæc æquabuntur vni-
tatibus 16 — 1 Q. Communis adiiciatur
vtrimque defectus, & à similibus auferan-
tur similia, fient 5 Q. æquales 16 N. & fit
1 N. ⁴⁄₅ Erit igitur alter quadratorum ¹⁴⁴⁄₂₅
alter verò ⁴⁰⁰⁄₂₅ & vtriusque summa est ⁴⁰⁰⁄₂₅ seu
16. & vterque quadratus est.

ΤΟΝ ἐπιταχθέντα τετράγωνον διελεῖν εἰς
δύο τετραγώνους. ἐπιτετάχθω δὴ τὸ ῑϛ
διελεῖν εἰς δύο τετραγώνους. καὶ τετάχθω ὁ
πρῶτος δυνάμεως μιᾶς. δήσει ἄρα μονά-
δας ῑϛ λείψει δυνάμεως μιᾶς ἴσας ἐ) τε-
τραγώνῳ. πλάσσω τ̀ τετράγωνον ἀπὸ ςς. ὅσων
δὴ ποτε λείψει ποσῶν μ᾿ ὅσων ἐςὶν ἡ ῑ τὸ ῑϛ
μ᾿ πλήθος. ἴσω ςς᾿ β᾿ λείψει μ᾿ δ. αὐτὸς
ἄρα ὁ τετράγωνος ἔσαι δυνάμεως δ᾿ κ) μ²
λείψει ςς᾿ ῑϛ. ταῦτα ἴσα μονάσι ῑϛ λείψει
δυνάμεως μιᾶς. κοινὴ προσκείσθω ἡ λείψις·
κ) ἀπὸ ὁμοίων ὅμοια. δυνάμεις ἄρα ε᾿ ἴσαι
ἀριθμοῖς ῑϛ. κ) γίνεται ὁ ἀριθμὸς ῑϛ. πέμπ-
των. ἔσαι ὁ μὲν ἔσω εἰκοσιτέσσαρα. ὁ δὲ ῑμδ᾿
ἴσονται· οἱ τετράγωνοι ὃς μὲν δυνάμεως μιᾶς,
ὃς δὲ δυνάμεων δ᾿ μ᾿ ῑϛ λείψει ςς᾿ ῑϛ. Βύ-
λεται τὰς δύο λοιπὰς συντεθείσας ἴσας ἐ) μ²
ῑϛ. δυνάμεις ἄρα ε᾿ μ᾿ ῑϛ λείψει ςς᾿ ῑϛ ἴσαι
μ² ῑϛ. κ) γίνεται ὁ ἀριθμὸς ῑϛ πέμπτων.

ὁ εἰκοσιτετμημένα, ὅται μονάδας ῑϛ. κ) ἔςτιν ἑκάτερος τετράγων@.

OBSERVATIO DOMINI PETRI DE FERMAT.

CVbum autem in duos cubes, aut quadratoquadratum in duos quadratoquadratos
& generaliter nullam in infinitum vltra quadratum potestatem in duos eius-
dem nominis fas est diuidere cuius rei demonstrationem mirabilem sane detexi.
Hanc marginis exiguitas non caperet.

QVAESTIO IX.

RVRSVS oporteat quadratum 16
diuidere in duos quadratos. Ponan-
tur rursus primi latus 1 N. alterius verò
quotcunque numerorum cum defectu tot
vnitatum, quot constat latus diuidendi.
Esto itaque 2 N. — 4. erunt quadrati, hic
quidem 1 Q. ille verò 4 Q. + 16. — 16 N.
Cæterum volo vtrumque simul æquari
vnitatibus 16. Igitur 5 Q. + 16. — 16 N.
æquatur vnitatibus 16. & fit 1 N. ⁴⁄₅ erit

ΕΣΤΩ δὴ πάλιν τὸν ῑϛ τετράγωνον διε-
λεῖν εἰς δύο τετραγώνους. τετάχθω πάλιν
τῷ πρώτου πλευρὰ ςς᾿ ἰνὸς, ἡ ἡ τῷ ὑτέρου
ςς᾿ ὅσων δήποτε λείψει μ᾿ ὅσων ἐςὶν ἡ τῷ διαι-
ρυμθύω πλευρά. ἴςω δὴ ςς᾿ β᾿ λείψει μ᾿ δ.
ἴσονται· οἱ τετράγωνοι ὃς μὲν δυναμεως μιᾶς,
ὃς δὲ δυνάμεων δ᾿ μ᾿ ῑϛ λείψει ςς᾿ ῑϛ. Βύ-
λεσαι τὰς δύο λοιπὰς συντεθείσας ἴσους ἐ) μ²
ῑϛ. δυνάμεις ἄρα ε᾿ μ᾿ ῑϛ λείψει ςς᾿ ῑϛ ἴσαι
μ² ῑϛ. κ) γίνεται ὁ ἀριθμὸς ῑϛ πέμπτων.

H iij

OBSERVATIO DOMINI PETRI DE FERMAT.

CVbum autem in duos cubes, aut quadratoquadratum in duos quadratoquadratos
& generaliter nullam in infinitum vltra quadratum potestatem in duos eius-
dem nominis fas est diuidere cuius rei demonstrationem mirabilem sane detexi.
Hanc marginis exiguitas non caperet.

数学

洛必达的微分法则

$$\lim_{x \to c} \frac{f(x)}{g(x)} = \lim_{x \to c} \frac{f'(x)}{g'(x)}$$

$$\lim_{x \to c} \frac{f(x)}{g(x)} = l$$

纪尧姆·弗朗索瓦-安托万，即著名的洛必达侯爵（1661—1704），是享有盛誉的法国数学家，他因创造出计算分数极限值法则而闻名，分数极限值即分子分母趋近于零或无穷大时分数的值。

该法则出现在他的著作《阐明曲线的无限小分析》（1696）中，该书是全世界第一本系统讲解微积分的教科书，尽管人们通常是通过约翰·伯努利（左）知道这个法则的，因为伯努利是证明这一法则的第一人。洛必达从未声称自己是这个法则的发明人，甚至在出版的书中都没有提到过作者是谁。

在数学中，洛必达法则利用导数来评估某一非特异性的极限，也就是说，当我们遇到类型为 0/0 或 ∞ / ∞ 的情况时会使用此法则。此法则通常将不确定形式转换为确定形式，从而轻松估算出极值。

如果在计算极值时我们再次找到此法则成立的条件，则可以在适当的时候再次使用该法则以求极值。但为了解决其余的不确定性，这条法则不能直接使用。在这种情况下，必须转化为具有不确定性的 0/0 或 ∞ / ∞，然后再使用洛必达法则。

在该法则提出三个世纪之后，洛必达法则可能是科学领域使用次数最多的数学工具，因为它可以计算出趋于无限大的近似值。

洛必达匿名出版了自己的著作，在书的引言中，洛必达对戈特弗里德·莱布尼茨、雅各布·伯努利和约翰·伯努利的协作表示了感谢。

ANALYSE

DES

INFINIMENT PETITS,

Pour l'intelligence des lignes courbes.

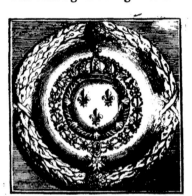

A PARIS,

DE L'IMPRIMERIE ROYALE.

M. DC. XCVI.

数学

费马螺线

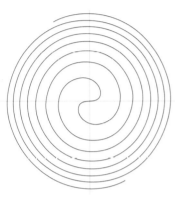

皮埃尔·德·费马（1601—1665）是一位律师，他与 17 世纪著名数学家勒内·笛卡尔齐名。费马在牛顿和莱布尼茨之前发现了微分，与布莱斯·帕斯卡共同创立了概率论，他还提出了解析几何的基本原理。皮埃尔·德·费马被誉为"业余数学家之王"，因为他是利用律师工作的业余时间学习和分析数学的。

以他的名字命名的螺线，也被称为抛物螺线，是阿基米德螺线的特例。费马螺线对应的方程是 $r=a+b\theta$，它表示从起点散开，并以对数方式远离起点的螺旋线。基于螺线方程 $r=\pm\theta^{1/2}$ 可以构建出费马螺线，其中角的值 θ 将对应 r 两个值，一个正值和一个负值。

根据上述方程，形成了两个对称的螺线，它们相互补充，并且扩展到无穷。这个方程成立的条件是：r 是在以恒定角速度绕固定原点旋转的直线上以恒定速度运动的点的轨迹。

在自然界中可以观察到费马螺线，例如向日葵种子的排列和雏菊的花盘。

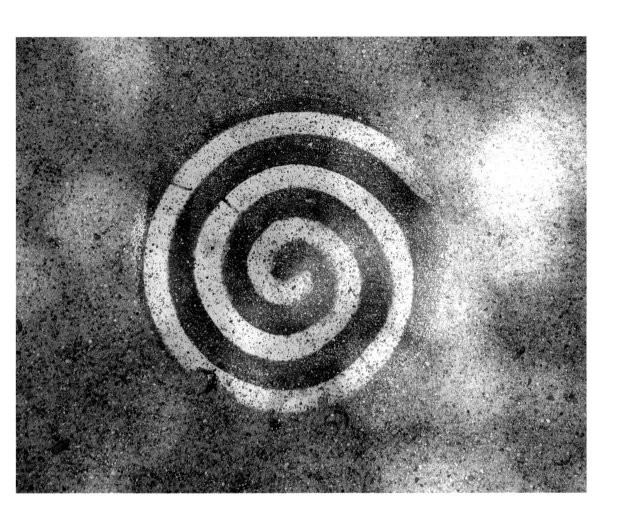

数学　　　　　　# 马尔可夫链

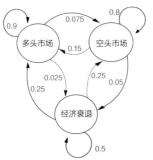

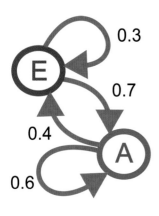

某一事件发生的可能性主要取决于前一事件。这种说法被称为马尔可夫链，俄罗斯数学家安德烈·马尔可夫（1856—1922）在 1907 年提出了这个观点，并以自己的名字命名。

马尔可夫链对应一种特殊类型的过程，该过程控制着"短记忆"，这种短记忆只是"记住"一系列事件中对下一事件起决定作用的最后一个状态。这类事件的相互依赖性将其概率与独立事件的概率区分开来，例如滚动骰子，其中事件序列不受先前结果影响。

马尔可夫链是随时间而改变状态的系统，因此它不允许无限的预测（但是在其他情况下，无限预测是有可能的）。例如，无数次地抛掷硬币时，我们知道每次硬币翻转到正面的概率为 1/2，另外 1/2 的概率是反面，所以我们可以肯定地说，如果我们将硬币抛掷 n 次，正面出现的概率都是 1/2。但在马尔可夫链中，不可能做出这样的预测，因为想知道在第 n 个事件中会发生什么事情，我们必须事先知道第 n-1 个事件的结果，也就是说，我们需要知道当前状态以及所有的可能性。

因此，随机变量之间的关系是：如果我们知道事件 X_n 的值，则 X_0，X_1，X_2，…的值与研究 X_{n+1} 的值无关。这并不意味着 X_{n+1} 与 X_0，X_1，…无关，而是这些变量只能通过 X_n 影响 X_{n+1}，在天气预报中可以体现这种关系。更确切地说，如果我们将周期 n+1 称为未来，周期 n 为现在，周期 0，1，2，…为过去，我们可以说过去只是通过现在来影响未来。

除了强调数学研究之外，安德烈·马尔可夫还是一位坚定的政治活动家，他反对沙皇贵族的特权，因此他也被称为"激进学者"。

数学

庞加莱双曲平面

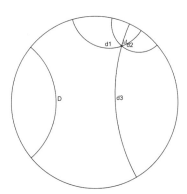

几何模型中的双曲几何并非符合经典几何中的所有假设。双曲几何以恒定和无限曲率的模型为基础，由法国数学家和哲学家儒勒·庞加莱（1854—1912）于1894年左右首次提出。双曲几何与普通几何的主要区别在于它不符合欧几里得对平行线的第五公设。

当我们想到经典的欧几里得平面时，我们都承认与固定线 r 相交的两条垂线是平行的，因此会在无限远的一个点上相交。那么，庞加莱双曲平面有什么不同呢？庞加莱双曲平面是一个曲率不变的圆盘，所以我们必须想象它就像我们坐在球体上一样。现在在这个球体或庞加莱双曲平面上绘制一条固定线，我们也称它为 r，并尝试绘制两条与 r 相交成直角的直线。这种情况下，我们所描述的是两个圆，而给定的点是这两个圆的起点和终点，因此不会在无限远处相交，也就是说，r 的垂直线不会相互平行，因为它们不会向无限远的相同极限点运动。

在这里，我们可以认为我们生活在曲率确定的世界和宇宙中，因此，基于庞加莱双曲平面的双曲几何模式以近乎完美的方式描述了宇宙。但实际上，利用欧几里得几何和双曲几何计算出的面积差异非常小，几乎可以忽略不计，因此对于任何普通测量来说，利用欧几里得几何算出的近似值都是可以接受的。

儒勒·昂利·庞加莱是著名的数学家、理论科学家和科学哲学家，常被称为"几乎发现相对论的人"，据说正是他的无数著作给了爱因斯坦灵感，从而发现了相对论。

数学

利维坦数字

在所有我们能够想象到的最大数字中，我们可以找到利维坦数字[1]，用数学符号表示就是（10^{666}）！。在数学中，感叹号是阶乘运算符，阶乘运算指将所有不大于阶乘符号所指的数字相乘，例如，5 的阶乘（5！）就是 $5 \times 4 \times 3 \times 2 \times 1 = 120$。

在《旧约》、犹太教和基督教文学中，利维坦指的是一种巨大的海怪，经常和恶魔或撒旦联系在一起。传统上经常将魔鬼与数字 666 联系起来，而数字 666 在数学上也表现出一些特殊性，例如 666 是前 36 个自然数的总和，也是前 7 个素数的平方和（$2^2+3^2+5^2+7^2+11^2+13^2+17^2=666$），并且也是 $1^3+2^3+3^3+4^3+5^3+6^3+5^3+4^3+3^3+2^3+1^3$ 的和。

利维坦数字很奇特，事实上，我们无法计算出利维坦数字，也无法将它用于运算当中。但利维坦数字有两个确定的特征：一是利维坦数字的前六位是 134072，二是组成这一数字的位数总数大于 10^{668}，正因此，据估计，我们需要 3×10^{660} 年才能写出所有数字。

---

[1] 利维坦在圣经中象征很大的海怪，在这本书中应该是作者自己在实验中定义的最大的数字。——译者注

古斯塔夫·多雷（1832—1883）是一位法国艺术家，他的代表作之一是雕像《利维坦的毁灭》（1865），表现的是这头巨兽死于神的手中。

数学

和田湖

　　1917 年，日本数学家米山国藏首次描述了和田湖的构建，为了纪念他的教授和田健雄，他将这一模型命名为"和田"。这一数学模型表示平面上三个彼此互不相交的开集具有相同的边界。

　　沿边界上的一些点将会建立起其中两个区域的边界，甚至存在某个点可以建立起第三个区域的边界。虽然直觉告诉我们共享点的数量可能很少或有限，但和田湖的模型表明共享点的数量是无限的。米山的例子阐释了这一数学结构。

　　我们可以想象，一个位于海中央的岛屿上有一个热水湖和冷水湖，我们将在那里开展以下工作：在第一个小时内，挖三个通道——一个连通海水，一个连通热水湖，最后一个连通冷水湖——这样不同类型的水就不会接触。在一小时内，每一块土地距离每种水（海水、冷水和热水）的距离都不到一英里。

　　在接下来的半小时内，每个通道挖得更长，但一直避免不同类型的水相遇，在挖掘工作结束时，每块土地与每种水之间的距离不到半英里。在接下来的 1/4 小时和 1/8 小时内，依此类推，挖掘工作以相同的进度继续。两个小时后（记住 1+1/2+1/4+1/8+…=2），干地面形成一个封闭的复合体，靠近它的每一块土地都有热水、冷水和海水。这个复合体是三个区域的共同边界：大海、冷水湖和热水湖在各自的通道中延伸。

　　虽然很难想象，但是三个彼此互不相交的开集都具有相同的边界。 一般而言，在二维空间中，三个区域（例如三个国家）只能在一个点上重合，但在拓扑上却有无限个共同点。

数学

国际象棋的传说

传说很久以前，一位名叫谢拉姆的国王统治了印度的部分地区。在一次战役中，他的儿子牺牲了，这让他痛苦不堪，整天在想自己的儿子怎样才不会死。

有一天，一个名叫西萨的年轻人出现在国王的法庭审讯中，并要求听审。国王同意了他的请求，然后西萨向他介绍一种游戏，这种游戏可以让他摆脱痛苦，将注意力放在其他事情上：在一块有 64 个方格的大板上，他放置了两套棋子。他耐心地教国王、大臣和朝臣基本规则：

每个玩家有八个兵，它们代表可以进攻并打败敌人的步兵。紧随其后的是战斗中不可或缺的战象（塔台）和骑兵。为了加大攻击力，还设置了国王的贵族武士（主教）。另一部分能够移动的是"皇后"棋子，它比其他棋子更有用、更强大，它代表的是人民的爱国精神。所有人都应当保护"国王"棋子，有了"国王"整个棋局才完整。

国王深深着迷于其中，玩了几局之后，他就不再悲伤了。为了感谢这个盛大的礼物，他允许西萨挑选他想要的任何东西。西萨拒绝了奖赏，但国王坚持要他挑选，西萨就提出了以下要求：

"我想要种一粒小麦以代表棋盘的第一个方格，第二个方格则是两粒小麦，第三个是四粒，依次类推，每个方格的小麦数量比前一个方格的小麦数量增加一倍，然后给我最终的小麦数。"

国王对这个奇怪的要求感到惊讶，认为与西萨送的大礼比起来，西萨要的奖赏简直微不足道。

几个小时后，国王最能干的代数学家告诉国王他无法履行诺言：因为这将需要 $1+2+4+8+\cdots+2^{62}+2^{63}$ 粒小麦，也就是 18 446 744 073 709 551 615 粒小麦。每公斤小麦约有 28 220 粒，那么 18 446 744 073 709 551 615 粒小麦约为 653 676 260 585 吨。即使印度所有农田都种上麦子，甚至将所有城市都改为耕地并种上麦子，一个世纪的粮食产量也还是无法达到前面的数字。

西萨要求的奖赏对应的是一系列数字构成的几何级数，其中每一数字都是通过前一数字乘以被称为级数因子或级数比率的常数获得的。

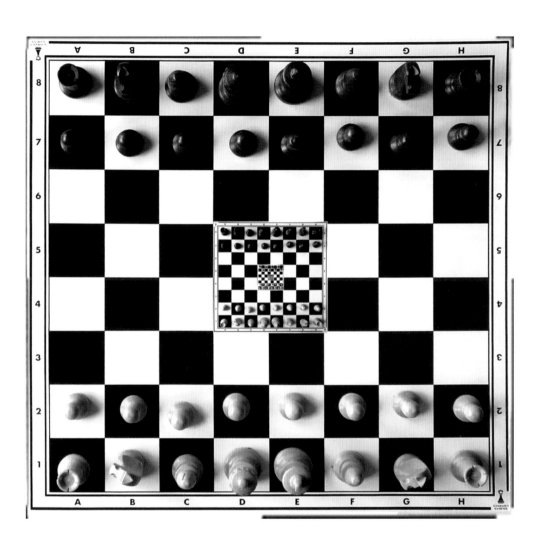

数学

哥德尔不完全性定理

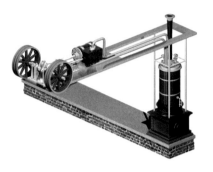

1931 年，奥地利的库尔特·哥德尔（1906—1978）提出的不完全性定理是数学逻辑定理。这个定理包括严谨的逻辑数学体系中无法证实或证伪的命题。因此，算术的基本命题可能会导致不一致，从而造成数学系统本质上的不完整。

为了说明这个定理，通常需要用一个古老的悖论，这个悖论被称为埃庇米尼得斯悖论或说谎者的悖论。埃庇米尼得斯说："所有的克里特人都撒谎。"因为埃庇米尼得斯是克里特人，如果我们推断这个说法是真的，那就意味着这是一个假命题，这与我们的第一个假设相矛盾。另外，如果他所说的是假的，那么这肯定是一个真命题，这就使我们回到了矛盾之中。推理之路就是一个"奇怪的循环"。最初的任何假设都会与原假设相悖。莫里茨·科内利斯·埃舍尔的许多艺术错觉都是源于这个概念。

哥德尔时代的数学家和哲学家们认为这些悖论属于语义悖论，无法用数学证明，因为数学是纯粹的、理性的。但是，哥德尔却构建了该悖论的数学对等物。他的定理可以用一句话来概括，即"该命题是无法被证明的"，把一个纯粹的数学关系带到数字的世界，并且，他最终也表明该定理无法被证明。定理所证明的是一般数学理论的局限性。

那时，人们对数学持乐观和信任的态度，相信数学的各个方面都可以被编码到系统中，从而确定所有命题的真伪。但哥德尔定理的发表给了人们沉重一击，因为它们表明人类不可能得到绝对的知识和真理。

库尔特·哥德尔证明的基本定理在数学界引起了轰动。这一定理是：数学中存在既不能证实也不能证伪的命题。

数学

科赫雪花

1904 年，瑞典数学家海里格·冯·科赫（1870—1924）在一篇名为《关于一条连续而无切线，可由初等几何构作的曲线》的文章中阐述了著名的分形曲线。分形曲线是构建分形图形——科赫雪花的基础。科赫雪花是最简单的分形图形之一，也是第一个被阐释的分形图形。科赫雪花与分形曲线相似，唯一的不同点在于科赫雪花的起始图形是三角形，而分形曲线是线段。

分形通过迭代构建而成，迭代过程始于一个等边三角形，最终等边三角形的每条边都被所谓的科赫曲线所取代。要绘制科赫雪花，首先，要将等腰三角形的每条边分为三等份，其次，取三等分后的一边中间一段为边向外作等边三角形，最后，把中间一段擦掉，这样每条边就会得到四条相等的线段。对这四条线段重复前三步的操作，在第二次重复中会得到 16 条较短的线段，以此类推。如果不是从线段开始作图，而是以等边三角形开始，我们就可以画出科赫雪花。

在理论上对每一处理后得到的线段都重复上述步骤，迭代无数次之后，雪花的周长就会趋于无限大。这时会出现一种矛盾情况，即在封闭有限的面积（接近初始面积的 8/5）里，周长是无限的。

分形表现出自相似性，这是分形的一种性质，即整个图形与其本身的一部分相似，换言之，当分形图形尺寸变大时，结构是相同的。

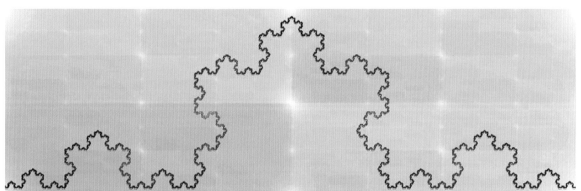

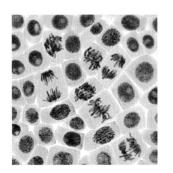  

技术

技术

储存太阳能

太阳能的一大缺点是：无日照时，就无电可用；而日照持续时，多余的能量却无法储存以供匮乏时使用。虽然现在有技术可以储存过剩的太阳能了，但成本高，效率低，未能推广。

丹尼尔·诺切拉和马修·卡南的新发现可能会为可再生能源的利用带来一场革命。麻省理工学院的工程师能够通过简单、高效、价格合理的工序储存太阳能。更重要的是，这一工序只用天然、无毒的材料。

科学家们受到自然界中植物光合作用的启发，研发了一道前所未有的工序，使太阳能将水分解成氢和氧。这些气体可以在燃料电池内重组，产生电力，不分昼夜地给房子或电动车供电，而不释放温室气体。

这个工序的关键一环是新型催化剂：一种催化剂从水中分解出氧气，另一种则分解出氢气。催化剂由钴、磷酸盐和放置在水中的电极组成。太阳能电池板、风力涡轮机或其他来源的电通过电极薄膜，穿过电极、钴和磷酸盐时会产生氧气。结合另一种催化剂，比如可以从水中分解出氢气的铂，这个系统可以模拟光合作用过程中发生的分离，将水电解成氧气和氢气。新型催化剂在室温下利用淡水即可发生反应。

太阳能潜力巨大：世界上所有的煤炭、石油和天然气储备的能量只相当于太阳光 20 天产生的能量。

技术　　　　　　　　　　　**来自光合作用的燃料**

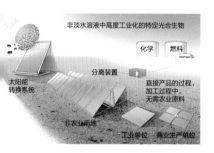

非淡水溶液中高度工业化的特定光合生物

化学　燃料

太阳能
转换系统　　　分离装置　　　直接产品的过程，
　　　　　　　　　　　　　加工过程中，
　　　　　　　　　　　　　无需农业原料

非农业用地

工业单位　商业生产单位

美国一家生物技术公司——焦耳无限公司正在探索生产燃料的方法，该方法对可再生能源的研究是一场革命：它已经获得了转基因细菌专利，该细菌通过光合作用，即利用阳光和消耗二氧化碳生产生物燃料。

这是一种蓝藻细菌，也被称为蓝绿藻，但它们并不属于严格意义上的藻类。这些细菌的特点是可以进行特殊的光合作用，即产氧性的光合作用，将二氧化碳和水结合形成其赖以为食的糖类。这样一来，大量的氧气被积累下来，然后再释放出来。我们今天有这么多氧气全靠这些细菌在地球演化过程中发挥的作用。

焦耳无限公司通过生物工程改良了一种蓝藻细菌，通过光合作用，我们可以获得作为副产品的氧气，它还会分泌一种被称为烷烃的分子，这些碳氢化合物在化学上与炼油厂中人工生产的烷烃别无二致。这些碳氢化合物是柴油的主要成分。

能源替代专家认为，光合作用对生物燃料研究而言意义重大。障碍之一是需要将这种自然过程的产物转化为燃料。许多公司试图研发一种能够进行光合作用的藻类，但需要花精力将藻类从水中分离出来，然后加工成品油，再将其转化为燃料。有一种微生物可以避开这两个问题直接分泌出所需的烷烃。

焦耳无限公司的细菌只需要阳光、二氧化碳和水即可存活。它们可以生长在不宜饮用的水中，也可以种植在荒地之中，这使它们成为玉米、甘蔗等其他生物燃料有力的竞争对手，因为玉米或甘蔗会占用森林或农田。

在地球的演变过程中，微藻光合作用曾多次显现出其潜力：这些微生物使大气中有了氧气，使海洋中有了二氧化碳。

技术

空气钟

积家是瑞士勒桑捷的奢侈钟表品牌。此外，作为瑞士钟表业的零件和工具供应商，它也有着悠久历史。

天才发明家、自学成才的钟表匠安东尼·拉考脱（1803—1881）于1833年在勒桑捷创立了一个小作坊，制造高端手表。1844年，他发明了最精确的测量仪器——微米仪。微米仪是史上首个测量精度达到微米（一米的百万分之一）的仪器。这意味着人们可以制造更加精确的零部件，从而制作出更精准的钟表。三年后，拉考脱公司采用了上弦装置和可以设定时间的表冠装置制造了第一款自动上条怀表。这一革命性突破淘汰了手动上条。因在精密制表及机械化领域的成就，1851年，拉考脱在伦敦首届世界博览会上获得了金奖。1903年，他的儿子埃利管理公司，同时，拉考脱公司与巴黎钟表匠埃德蒙·积家（1858—1922）展开合作，创建了钟表协会。真正的钟表奇迹就此诞生，他们也于1937年创立了新品牌。

空气钟由工程师尚雷恩·路特于1926年发明（并于1928年获得专利），由积家完善并生产。这是一款恒久运转的机械钟，无须上条，无须电池或任何其他外部动力。它的无限运动机制是利用温度和气压的微小变化获得动力，这些变化会导致密封容器收缩或膨胀，因此，这钟似乎会"呼吸"。一摄氏度的温度变化可以使空气钟运行两天。空气钟非常节能，直到今天，它仍然是世界上能源消耗最少的装置。

新潮的设计理念、简单的操作方式以及无可挑剔的外形使空气钟一跃成为完美的艺术珍宝。

技术　　　　　　　　　# TA-65，永生不死

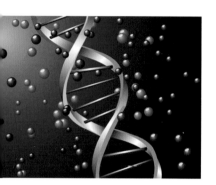

遗传学认为端粒是人体的"生命时钟"，端粒就是染色体的末端，可以保护染色体免于退化。许多科学家认为，逐渐缩短的端粒会影响人的预期寿命和身体健康。随着正常细胞的分裂，端粒会逐渐缩短，细胞功能逐渐受损，最终细胞会死亡。反复的研究证明，如果不是端粒逐渐退化，人类细胞可以无限分裂，那人类就能实现永生不死。

提高端粒酶水平，就可以实现这一目标。端粒酶是一种酶，也是一种可以催化代谢反应、修复并延长端粒的蛋白质，其功能是维护染色体的结构稳定性，而染色体的结构稳定性会直接影响细胞的老化速度。激活端粒酶可以防止端粒缩短，这会减缓甚至中止老化过程。

最近，"谢拉科学"的研究人员与"TA科学""杰龙生物医药公司""理疗时代医疗公司"和"西班牙国家癌症研究中心"合作发现了 TA-65，这是一种神奇的天然化合物，它能够激活端粒酶基因并延长人类细胞的端粒，阻止甚至扭转衰老过程，让我们青春永驻。

20 世纪 30 年代，美国生物学家赫尔曼·缪勒发现了端粒。从那时起，我们对与衰老和癌症密切相关的细胞构造的认识就进一步加深了。

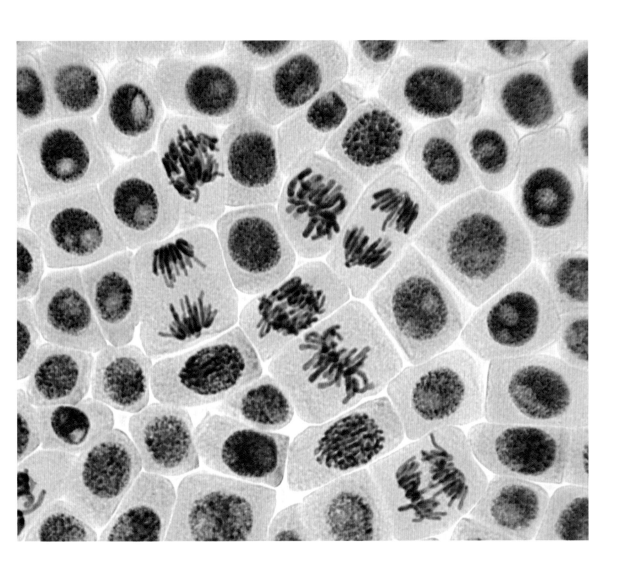

技术

无限循环编程

在编程中，循环指多次重复一个或多个语句（代码行）的控制结构。当满足某些条件，用计算机语言来说就是，当条件为真时，就执行循环程序。一般来说，循环程序可以重复执行某个动作，而不必多次编写相同代码，这样可以节省时间，代码也更清晰，并且易于修改。

循环程序由汇编代码演变而来，重复代码的唯一办法是编写"跳转"（JMP）句子，这在高级编程语言中由"go to"（GOTO）代替。最常用的三个循环程序是"while"循环、"for"循环和"repeat"循环。

在大多数编程语言中，即使条件为真，你也可以"跳出"或"打破"循环。另一种退出循环的方法是嵌入。大多数力求纯正的程序员认为使用这些功能是不恰当也没必要的，因为使用结束条件可以退出循环。无法退出时，表示选择了错误的循环类型。但从实用角度看，使用循环"跳出"功能更简单。

在无限循环的情况下，永远无法满足结束条件，所以将无限地运行下去，如果代码中有错误，这种情况也会发生。除非程序员故意设置无限运行，否则后者会被看作编程错误，就像恶意软件的重复操作。

恶意软件未经所有者的同意而侵入计算机，损坏或提取存储数据。该术语在专业人员中广泛使用，指产生上述损害的编程错误。

技术

无墨金属笔

　　据说在太空竞赛期间，美国航空航天局花费大量资金研发可以在零重力空间使用的太空笔，然而俄罗斯人选择在宇宙飞船中携带铅笔。这一传闻的核心问题在于，铅笔的尖端包含导电材料石墨，因此需要寻求铅笔的替代品。人们认为断裂的铅笔尖可能在飞船中漂浮，进而引起电路短路。

　　数十年后，解决这一难题的工具问世：无墨金属笔。不同版本的不锈钢笔或铝制笔都有一个特殊的铅质笔尖，当使用该笔书写时，微量的金属会沿着书写痕迹沉淀在纸上。因为有足够的金属颗粒留在纸上，所以我们可以看到书写的内容，但这并不足以耗损笔芯的密度，因此它几乎可以永久使用，不用替换。石墨或油墨做不到这点，因为石墨或油墨会快速消耗，所以必须进行补充或更换。

　　虽然外观很像铅笔，但无墨金属笔有钢笔的特性，因为它的书写痕迹不可擦除。无墨金属笔使用清洁，不会漏墨，甚至可以在水下使用。即使处于零重力状态，你仍可使用此笔。

虽然无墨金属笔看起来很独特，但早在古代，这种使用方法就已有迹可循。古埃及人、希腊人和罗马人使用小铅圆盘在纸莎草纸上绘制线条，到了14世纪，欧洲画家曾用铝棒绘制浅灰色图画。

技术

永不熄灭的灯泡

　　加利福尼亚利弗莫尔的消防站有一颗灯泡已经亮了一百多年。这是历史上最持久、最坚韧、最不知疲倦的灯泡，也是唯一一颗拥有吉尼斯世界纪录的灯泡。

　　这是一个 60 瓦的灯泡（虽然现在其功率不超过 4 瓦），自 1901 年 6 月 1 日安装以来，灯泡中人工吹制的碳灯丝从未熄灭。自那时起，它一直坚守着照亮消防站的目标，只在偶尔停电和移动时稍事休息。灯泡累计照明时间超过 100 万小时。

　　利弗莫尔灯泡的生产技术已经不可寻，因为这种型号的灯泡现在被耗能更低的灯泡所替代，如有机发光二极管灯或低能耗灯泡。

　　法国科学家阿道夫·查雷特发明了这款灯泡，该灯泡由现已破产的谢尔比电气公司生产。玻璃安瓿把灯泡碳丝与空气完全隔离开来，于是碳丝在真空中工作。这与现在的灯泡不同，现在的灯泡需要在非真空环境中使用。如果灯泡持续亮着，就不会产生开启和关闭的标准损耗，因为开灯关灯会导致应力开裂，最终使灯泡报废。

　　美国海军学院的物理学家德博拉·卡茨对利弗莫尔灯泡的特性做了全面的研究。考虑到在不关灯的情况下研究利弗莫尔灯泡不现实，于是研究人员找到了相似的灯泡（烧坏了的），找到的灯泡也是 19 世纪晚期由谢尔比电气公司所制造的灯泡。卡茨总结说，利弗莫尔灯泡与现代白炽灯泡有两点不同：第一，灯丝比现代灯泡的灯丝粗八倍；第二，灯丝是一种半导体，当导体过热时，其导电能力下降。然而，谢尔比灯泡灯丝温度越高，导电性越强。

　　通用电气公司在 1912 年购买了这款独特灯泡的专利，但两年后停产，转而发明钨灯。因为钨灯的亮度更高，理论上来说质量也更好。

技术

国际热核聚变实验反应堆

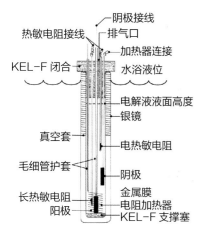

阴极接线
热敏电阻接线
排气口
加热器连接
KEL-F 闭合
水浴液位
电解液液面高度
银镜
真空套
电热敏电阻
毛细管护套
阴极
金属膜
长热敏电阻
电阻加热器
阳极
KEL-F 支撑塞

法国卡达拉舍正在建造反应堆，试图以人工控制的方式重现太阳核心如何产生热核能。这可能是未来替代能源的重要来源，因为热核能不仅清洁而且取之不尽用之不竭。如果热核聚变反应堆实验成功，那将意味着化石燃料时代的终结。

20 世纪 50 年代，科学家伊戈尔·塔姆和安德烈·萨哈罗夫遵循奥列格·拉夫伦蒂耶夫的最初设想，发明了托卡马克。托卡马克是"带有磁性线圈的环形室"的俄文首字母缩略词。托卡马克是一种带有环形真空室的聚变反应堆（类似甜甜圈）。由外部磁场引导，内部的封闭气体在超过 1.5 亿℃的温度下以等离子态流动，这样等离子体不会接触真空室的内壁，温度消失。

在修建了几座实验用的托卡马克之后，1968 年，苏联科学家能够在不产生任何副作用的情况下，通过聚合原子，诱发一系列热核爆炸，产生稳定的动力。这是迈向强大自然新能源的第一步，因为托卡马克不像现有的核电站那样打破原子核，而是模仿太阳，将不同的原子聚合。

托卡马克中使用的是在国际热核聚变实验反应堆中使用的技术。国际热核聚变实验反应堆以氢原子的核聚变为基础。其燃料是氘和氚组成的混合物（氘和氚是氢的两种同位素）。做此选择是因为较轻的原子核更容易聚合。而且它也是一种取之不尽的燃料：水中存在着大量的氘，而氚则在聚变反应中同时生成。

国际热核聚变实验反应堆，也就是能够连续 10 分钟产生 5 亿瓦核聚变能量的托卡马克，并于 2019 年 11 月首次投入使用，预期寿命为 20 年。达到预期寿命之后将停用并拆除反应堆，这一阶段将耗时 40 年。如果成功的话，还要进行大量工作才能将反应堆投入商业使用，预计 2050 年前无法实现。

欧盟、中国、美国、印度、日本、韩国和俄罗斯都参与了国际热核聚变实验反应堆项目。

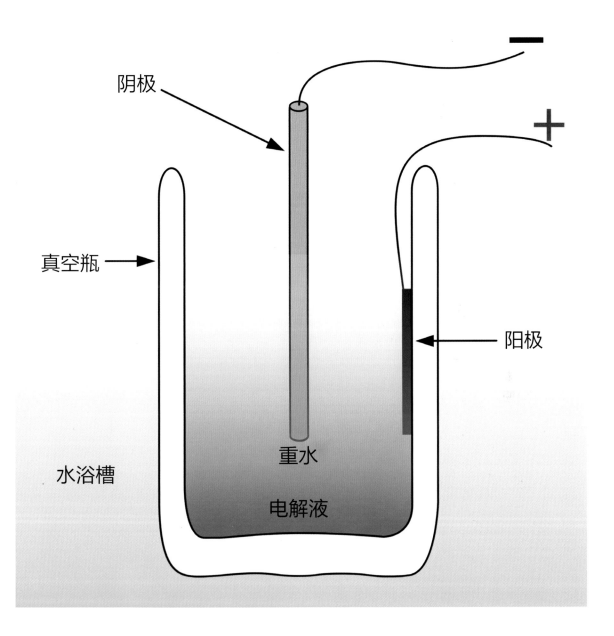

技术　　　　　　　　　　　风能

　　风能是由风力驱动的可再生能源。在古代，风可以吹动船帆，推动船向前行驶；风还可以驱动磨机，使其叶片转动。直到最近，人们才开始利用风力发电。目前，利用风力的典型方式是使用风力涡轮机。

　　一般认为戴恩·保罗·拉·库尔是现代风力涡轮机的发明人，因为他于 1891 年建造了第一台风力涡轮机，但早在多年前，查尔斯·布拉什就已经建造了一台 12 千瓦的风力涡轮机，并将电能储存在 12 块电池中。第一台交流电风力涡轮机于 20 世纪 50 年代问世，这要归功于荷兰人约翰内斯·朱尔。此外，他还设计了根据风向改变方向的风力涡轮机。

　　风力涡轮机的工作方式非常简单：风力涡轮机的转子通过传动装置与发电机相连，当风力驱动转子的叶片转动时，就可以将旋转机械能转化为电能。当风速超过设定值时，安全制动器会锁定转子。我们可以根据转子主轴的方向对风力涡轮机进行分类。一种是原始风力涡轮机，即垂直轴风力涡轮机，其叶片在平行于地面的平面内旋转。另一种是水平轴风力涡轮机，这种风力涡轮机使用最为广泛，其叶片在垂直于地面的平面内旋转。风力涡轮机可以单独运转，也可以在内陆或海岸的风力农场运转，甚至可以在离海岸有一定距离的水域中运转。

　　迄今为止安装的最大的风力涡轮机是德国爱纳康公司的 E-126。它结构庞大，高达 454 英尺（约 138 米），每年可产生 6 兆瓦电量，足以满足 5 000 户家庭的用电需求。

风能又名埃俄洛斯能源，这一名字取自古希腊神话中的风神——埃俄洛斯。风能系统在德国、西班牙和丹麦使用广泛。

技术

大型强子对撞机

我们需要建造世界上最大、最强的机器来检测构成宇宙的最小粒子，这听起来很讽刺。法国和瑞士边界 160 ~ 574 英尺（约 49 ~ 175 米）的地下深处埋藏着大型强子对撞机（LHC），这个对撞机旨在重现宇宙起源的瞬间。

在 16.5 英里（约 27 千米）的环形隧道内，两束质子在隧道内沿反方向运动。当它们的速度接近光速时，碰撞产生的能量转化为大量新粒子，由此验证了著名的爱因斯坦公式 $E=mc^2$。四台大型探测器将对产生的碰撞进行深入的研究，根据所得信息，可以重现能量、温度和物质的原始条件，这与宇宙在形成不到万亿分之一秒时的条件相同。

这一实验旨在揭示无限小粒子的存在，比如 1964 年由英国物理学家彼得·希格斯提出的希格斯玻色子，该粒子在宇宙大爆炸后赋予物质质量，使宇宙的形成成为可能。证明无限小粒子的存在将成为物理学中的一个重大发现，无限小粒子证实了所谓的粒子物理标准模型理论，这解释了基本粒子之间的交互作用。2012 年 7 月，发现了与希格斯玻色子性质相同的粒子。进一步的研究证实，之前发现的粒子的确是希格斯玻色子。

希格斯玻色子不是唯一可能的发现。除了这种粒子外，大型强子对撞机还试图揭开宇宙大爆炸的奥秘，以确定宇宙中是否存在三维以上的空间，并帮助理解物质与反物质之间的差异。

由离子碰撞造成的迷你大爆炸已经在大型强子对撞机中实现，留下了可能需要数十年才能处理的科学数据。

尽管希格斯玻色子通常被称为"上帝粒子"，但科学家们戏谑将它称为"该死的粒子"会更合适，因为找到它需要巨大的付出。

技术

太阳能道路

　　太阳能是地球上最重要的能源。如果我们对照射到地球上的太阳光的利用率能够达到100%，哪怕只是一个小时，就能满足整个地球一年的能源需求。但就目前人们所掌握的技术而言，太阳能的利用率还相当有限，并且当前的太阳能存储系统效率低下，成本高昂。

　　美国已经研发出了一种太阳能道路雏形，使用先进的太阳能电池板铺设道路网络，将道路变成一个大型的能源供应网络。该项工程由太阳能道路公司牵头，该公司计划用这种新型的太阳能电池板替代之前的柏油路。

　　这种太阳能道路雏形分为三个部分。为了承受汽车的重量，道路的表面由一种高强度的半透明材料制成，质感与沥青相似，以防轮胎打滑。此外，这种材料还具有自洁与加热功能，从而解决了由冰雪引起的循环问题。中间层是用于吸收太阳能的光伏电池，发光二极管会以垂直面板的形式显示常见的道路标志和警示信息。最下层，也就是第三层，用于分配能源及存储通信光缆。

　　这些太阳能电池板的使用寿命长达20年，即使车来车往，也不会出现塌陷或内部毁损。据估计，在一条四车道的太阳能道路上，每英里每天只要有4个小时的日照，存储的能源就足以为400多个家庭供电。

　　美国的爱达荷州已经批准了州内大约7英里（约11千米）的太阳能道路试验路段建设项目；此外，荷兰将在不久后开始铺建300英尺（约100米）长的光伏道路。

技术　　　　　　　　魔方

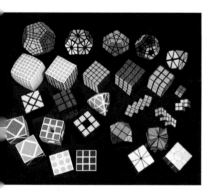

　　对于那些热衷挑战者、数学迷和几何迷来说，最好的玩具莫过于一种由 3×3×3 个彩色方块组成的立方体，无须将立方体拆开就可以按面旋转这些方块，从而改变每一个方块的相对位置，最终目的是将立方体恢复到原样，使同一面的方块颜色相同。

　　这种智力游戏广受欢迎，让玩家真实地体验什么是晕头转向，也让他们粗略感受什么是无限。玩家必须在大量的可能性中找到唯一的复原方案。一个魔方可以有 43 万亿多种不同的排列，这是一个大到难以想象的数字。试想一下，在 43 万亿种排列方式中，只有一种排列能够复原这一奇妙的数学制品，我们会立刻得出这样的结论：通过随意地旋转方块来复原魔方是一项艰巨的任务，虽说存在这种可能性，但实际上是不可能的。

　　1974 年，为了解释某些几何概念，建筑师、雕塑家厄尔诺·鲁比克教授发明了"魔术方块"，这个 "魔术方块"的各部分可以围绕中心轴转动。鲁比克发明"魔术方块"的初衷并不是娱乐，而是为了帮助建筑学院的学生获得更好的三维视觉体验。1980 年，鲁比克的"魔术方块"被改名为"魔方"，并在市场销售。据估计，自 1980 年以来，全世界共售出了 4 亿多个魔方。

　　除了传统的三阶魔方(也被称为"复仇魔方")、五阶魔方(也被称为"专家魔方")，以及金字塔形、八面体、十二面体等不同几何形状的魔方。

技术

纳米技术

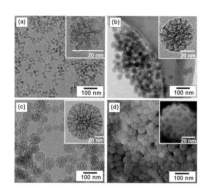

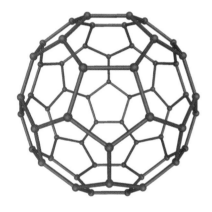

纳米技术指在科学领域和技术领域中，以可控的方式研究、获取、操纵微量的材料、物质和装置（通常小于 1 微米），也就是纳米级的研究。

"纳"是希腊词 nano 的前缀，表示 10^{-9}。一纳米等于十亿分之一米，或者一百万分之一毫米。纳米技术通过重新排列原子和分子，为制造新材料和新设备提供可能性。

除了纳米技术的概念，我们也很好奇纳米技术目前的研究现状及其应用潜能。20 世纪中叶，诺贝尔物理学奖得主理查德·费曼提出了纳米技术，而这一技术即将在 21 世纪引发第二次工业革命，但纳米技术对现代生活的影响似乎仍像是科幻小说里的描写。

纳米技术可以应用到化学、生物学和物理学等领域，为各种问题提供解决方案。纳米技术除了可以在理论层面提供有价值的见解之外，还推动了医学、环境管理等实用领域的创新。

由于纳米技术突飞猛进地发展，如今，从合成聚合物到具有特定生理机能的蛋白质，其分子结构都可以修改；此外，还能研发出在原子层面发挥药效的药物、制造出能够进行复杂遗传分析的微芯片、生产出取之不尽的能源，还可以用微型机器人修建房屋。纳米技术将推动众多产业发展，催生性能卓越的新材料。此外，新的应用也会问世，例如装有速度惊人的元件，甚至是能够检测并杀死人体最脆弱部位（如大脑）的癌细胞的生物传感器。可以说，纳米技术带来的可能性是无穷无尽的，纳米科学领域的诸多进步都将成为改变未来世界的重大技术突破。

纳米技术属于跨学科领域。该技术致力于在亚微米级，也就是在原子和分子层面上实现对物质的操控。

技术

二维码

毫无疑问，我们早已在一些商店里、广告中和杂志上看到过这些条码。二维码（快速响应式条码）是一种由大量方形和二维点阵构成的信息存储系统，呈正方形，左上角、右上角和左下角各有一个方格。

二维码问世于1994年，当时主要用于各行各业的行政管理及仓储管理。因为大量的软件程序和手机开始使用二维码，二维码很快就流行起来。这种条码用途广泛，主要用于通信和市场营销。每天都会有多到难以想象的新二维码出现，我们不禁好奇，是否可以创造出无限多的二维码？

假设一个二维码有 n 个像素，将每个像素可能出现的情况（黑色或白色）自乘 n 次，就是可能生成的二维码数量。例如，如果一个二维码高25像素，宽25像素，那这个二维码的总像素就为625。我们需要从中减去用于定位、校准和同步的像素数量，这些像素有助于摄像头识别并解读二维码。二维码中还会添加一些其他像素，以包含所使用版本及格式（纯数字或字母数字组合）的相关信息，其中甚至还包括错误修复像素，但这类像素的数量是可变的。总而言之，平均地讲，一个二维码大约有250个固定像素，剩下的375个像素可以是白色也可以是黑色。那么，可能出现的二维码就有 $2^{375}=7.657\times10^{112}$ 个，相当于地球上的每个人都创造出70亿个二维码。除此之外，还可以生成 29×29，30×30，…规格的二维码。

图像、文本、电话号码、电子机票、网址等信息都可以编成二维码：其可能性几乎是无限的。

技术

具有无限容量的USB存储器

作为一种安全便捷的存储和传输各种数据的工具，近年来，USB 存储器已经随处可见。目前的技术使 USB 存储器可能具有无限的存储容量。

让 USB 存储器拥有无限的存储容量，乍看起来完全不可能，但令人难以置信的是，这是真的。这款 USB 驱动器可以在计算机（已经保存了用户想要传输或存储的所有信息）及附近任何具有 USB 端口的设备之间建立 Wi-Fi 连接。这样一来，USB 存储器就能"欺骗"所连接的具有存储器限制的设备（例如游戏机、其他计算机、照相机、打印机、电视机），使其误以为已经连接到硬盘或是已经连接到具有存储信息功能的 USB 上。这样，USB 存储系统就可以无限量地传输所需的所有数据。

这款新式 USB 存储器的特殊之处在于它具有无线存储和传输信息的能力，不需要在 USB 存储器上进行物理存储。这一发明使得一个设备与任何具有 USB 端口的外部设备之间的信息传输更加便捷，这样用户便可以通过虚拟硬盘将文件从一个设备传输到另一个设备，唯一的容量限制是其计算机支撑系统。

安全起见，制造商应确保无线传输的信息是加密的，以降低 USB 存储器连同存储信息丢失的风险，因为 USB 驱动器本身不存储任何数据。毫无疑问，比起老式存储设备，这款 USB 存储器优势巨大，为当前数据的存储和传输问题提供了可能的解决方案。

USB 闪存盘替代了软盘和光盘。通常闪存盘的存储容量为 4、8、16 或 32 GB，而一张标准 CD 的存储容量为 650 或 700 MB，3.5 英寸软盘的存储容量仅为 1.44 MB。

技术　　　　　　# 原子精度

原子精度的概念可以追溯到 1879 年，当时开尔文勋爵建议运用原子振动测量时间。第一台运用了磁共振的原子钟建于 20 世纪 30 年代。

原子钟以精确度闻名。由于其运行机制，原子钟能够非常精准地测量由某些原子和分子的磁共振引起的自然振动。共振的产生需要每个化学元素和化合物以自身的特征频率（单位时间内电磁波的振荡次数）吸收和释放电磁辐射。这种共振在时空中是稳定的，也就是说，氢原子在今天的振动频率与一百万年前是一样的，就算在另一个星系也不变。

铯是建造原子钟最常用的元素。当今世界上使用的所有原子钟都是基于铯的物理特性而建造的，因为铯原子钟每 1.5 亿年才会产生不到 1 秒的误差。1967 年，铯原子钟的可靠性使得国际度量衡局选择以铯的原子振动频率作为定义物理时间单位的标准依据，并将 1 秒的时长确定为铯 -133 同位素在不同状态间超精细跃迁 9 192 631 770 个辐射周期所需的时间。

原子钟的时标连续稳定，被称为国际原子时（TAI）。在日常生活中，我们使用另一套时标，即协调世界时（UTC，从国际原子时衍化而来）。国际原子时和协调世界时被用作全球时标，用于全球通信、卫星导航和卫星地形测绘，金融市场和股票市场交易时盖的时间戳记也是全球时标。

第一代开尔文男爵威廉·汤姆森（1824—1907）是英国数学家和物理学家，他在热力学和电子学领域的成就卓越，并发明了开氏温标，因此闻名于世。

组织工程学

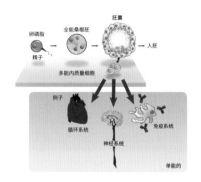

卵磷脂
精子
全能桑椹胚
胚囊
人胚
多能内质量细胞
例子
循环系统
神经系统
免疫系统
单能的

组织工程学致力于为那些因疾病或事故受损的器官和组织培育替代品，从而避免需要人类捐献者的捐赠。

目前，组织工程学为组织和细胞的再生及器官移植带来了无限的可能，主要是因为在生物体的成体和胚胎中都存在着一组大名鼎鼎的多能干细胞，这类细胞能够转化为任何类型的细胞，这使得它们可以被用于器官再生和一般组织的替换。

多能干细胞主要分为两类：一类是胚胎干细胞（存在于胚胎和新生儿脐带中），能够分化成任何器官和组织；另一类是成体干细胞（存在于成人脊柱中），能够在分化过程中发生逆转，形成另一种组织或细胞类型。在这两类细胞中，后者是最常用的，因为胚胎干细胞的使用会引发伦理问题。

这一研究领域充满了无限的可能。迄今为止，世界各地已经进行了数百项临床试验，尤其是对于神经元损伤的治疗，以及心肌细胞、上皮组织、角膜组织和关节组织的再生试验。应用最广泛、效果最显著的莫过于自体骨髓移植。然而，还有很多问题尚待解决，科学家们正在研究如何利用这些细胞对抗肿瘤的生长和一般的转移癌。

通过操控细胞周期，使其发生逆转，科学家能够将未分化细胞（A）转变为分化细胞，例如神经组织的分化细胞（B），也能将分化细胞（B）转变为未分化细胞（A）。

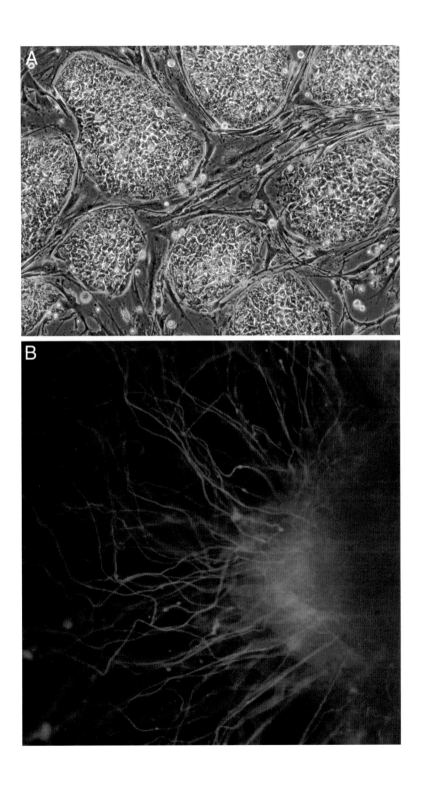

技术

艾萨克·阿西莫夫与集体智慧

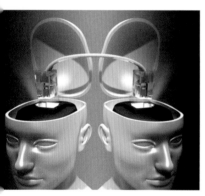

艾萨克·阿西莫夫（1920—1992），作家和生物化学家，因其成功而多产的科幻、历史和科普作品闻名于世，与罗伯特·A.海因莱因和亚瑟·C.克拉克并称为科幻小说三巨头。阿西莫夫创作出了最优秀的科幻小说，在科幻小说界，他被称为"机器人学三定律之父"。

阿西莫夫在作品中预言了一个虚拟世界的运行模式。在这个虚拟世界中，人类将与庞大的知识库保持永久的联系，任何问题都会有答案，我们无须耗费时间来记忆大量信息。这些几乎能够解决任何问题的普遍知识和卓越智慧来源于一台被称为"马尔蒂瓦克"的虚拟计算机。艾萨克·阿西莫夫在1955—1975年发表的许多故事或小说中都提到了这台计算机，如《最后的问题》《世界上所有的麻烦》及《赢得了战争的机器》。在阿西莫夫创造的世界中，"马尔蒂瓦克"被描绘成一台为安全起见藏于地下深处的巨型超级计算机。与这位科学家在小说中描述的大多数技术一样，在不同的场合，"马尔蒂瓦克"的规格也不一样。

阿西莫夫于1992年逝世，那时还没有实现互联网的普及与急剧增长。今天，人们往往认为互联网几乎完全就是阿西莫夫的"马尔蒂瓦克"在现实中的体现，因为互联网具有"马尔蒂瓦克"的许多特征，从搜索引擎到综合服务，再到它似乎无限地扩展以及传播人类知识的能力。

阿西莫夫认为，计算机将改变人类生活的许多方面。在《最后的问题》中，他设想超级计算机能够意识到自己的存在，并且能够通过选择法和计算法回答任何问题。

技术

石墨烯

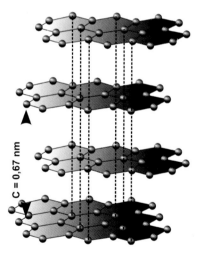

C = 0,67 nm

石墨烯和木炭、石墨、金刚石一样，它们都由碳原子构成，但不同物质内部碳原子的化学排列方式有所差异。事实上，铅笔芯中的石墨就是多层石墨烯叠积而成的。

石墨烯是一种由六边形组成的晶格，每个六边形的各个顶点都有一个碳原子与其他原子相连，形成蜂巢结构。物理学家安德烈·海姆和康斯坦丁·诺沃肖洛夫对这种结构进行了细致的研究，并因此获得了 2010 年的诺贝尔物理学奖。

石墨烯比最纤细的头发丝还要细 100 万倍，并且非常轻，1 平方米的单层石墨烯的质量还不足 1 毫克。此外，石墨烯的机械强度是钢的 100 倍，因此，1 平方米的单层石墨烯就算承载 4 千克的重量也不会断裂。石墨烯是一种几乎坚不可摧的轻质材料，比金刚石更为坚硬。因此，石墨烯及其化合物或许能使许多行业发生翻天覆地的变化，例如加固材料、航空航天技术和汽车工业等。

由于石墨烯卓越的导电率（是硅导电率的 100 倍）和热导率（因此不会发热），这种材料也许还会改变电子工业。因其良好的散热性能，比起当前使用的硅片，石墨烯处理器的体积更小。实际上，石墨烯晶体管原型已经在研制中了，其工作频率（100 GHz）是目前采用的晶体管工作频率的十倍。石墨烯的透明性也有可能催生透明电极的问世；对于柔性太阳能电池及滚动显示屏等应用而言，透明电极是最理想的材料。

石墨烯具有许多特性，应用广泛。在未来的科学技术中，这种新材料的特性及其应用将会得到充分的体现。

海姆和诺沃肖洛夫都取得了物理学博士学位，目前都在曼彻斯特大学担任研究员，他们将继续探索这种神奇材料的诸多应用。

技术

音障

声音是一种波，正因如此，声音的传播速度取决于媒介（空气、水或固体）的密度和温度。当温度为20℃时，声音在空气中的平均传播速度为343米/秒。"音障"一词出现于第二次世界大战末期，用以描述阻碍大型物体以超音速运行的物理限制。

当以接近音速的速度飞行时，许多样机都会遇到失压和空气动力问题。这是因为当飞行速度接近音速时，飞机表面的空气会压缩，从而使阻力剧增，而当时的飞机没有针对这一阻力问题进行设计。以前，人们认为，随着速度加快，这种阻力呈指数增长，使飞行器无法达到更高的速度。但20世纪50年代以来，随着能够降低阻力的新型机翼以及推进式喷气发动机的引进，飞机的飞行速度超过音速成为可能。

飞机在飞行时会压迫并挤走周围的空气分子，不断产生压缩波和膨胀波。这些空气波就是音波，它们以典型的音速，即以约343米/秒的速度从飞机向四周传播。如果飞机的飞行速度较慢，音波就会赶在飞机的前面；但如果飞机以音速飞行的话，那音波就会堆积在飞机前面并压缩形成激波。当飞机碰到音障时，堆积在前面的压缩波就会爆炸，这就是音爆。

当飞机突破音障时，由于压力下降，有时候会形成云。压力下降意味着温度下降；如果空气潮湿，水蒸气就会凝结成小水滴，从而形成云。

在空气动力学中，音障被看作阻碍大型物体以超音速运行的物理限制。

  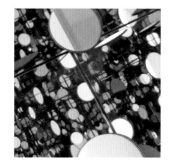

艺术

艺术

莫里茨·科内利斯·埃舍尔的无限作品

莫里茨·科内利斯·埃舍尔（1989—1972），荷兰艺术家，以不可能图形的木版画、木刻、石版画，平面镶砌及想象世界而闻名。埃舍尔对各种捕捉矛盾空间的方法进行了实验，挑战二维或三维绘画中常规的表现方式，正因如此，他成了许多数学家最喜欢的艺术家。书籍、杂志和广告宣传纷纷刊载埃舍尔的作品，这使得埃舍尔成了 20 世纪作品被引用最多的流行文化艺术家。

埃舍尔是一名不便"归类"的艺术家。人们对他的作品有很多种解读，但埃舍尔并无意传达什么主张或信息，他基本上只是表达了自己喜欢的东西。他的作品并不像其他艺术家那样以感情为基础，而是仅基于情境、问题的解决和视觉游戏，或者向观赏者致意；夜深人静时，他脑海中不时浮现出各种幻象，经过想象的加工后，他认为值得在他的画作中反映出来。虽然埃舍尔不是专业的数学家，但他的作品从弯曲空间视角运用重复的符号对平面进行划分，体现出了埃舍尔对几何概念的浓厚兴趣和深刻理解。

埃舍尔的作品中存在一种被称为"三杆"的不可能图形（三维三角形），这是他作品的另一大特色，这种三角形实际上是不可能建成的，只能在画中表现出来。在对这一图形有所了解之后，埃舍尔深受启发。他在好几座建筑物的设计中都隐晦地应用了一个或是多个"不可能三杆"。通过认真的观察，我们可以证明这种图形的不可能性，比如在埃舍尔的《观景楼》中，楼梯斜靠在观景楼的外边，梯脚却在楼内；在《瀑布》中，水车永不停歇地转动着，如果你注视着水车中的水流，就会发现水一直在流动，始终看不到终点，这就是一种无限循环。

除此之外，埃舍尔还用了另一种不可能图形来演示连续运动，那就是彭罗斯阶梯。埃舍尔运用彭罗斯阶梯创作出了许多著名的作品，进一步探索了永动理念。之所以会出现这些视觉效果，是因为当我们观察二维图像时，我们的大脑会错误地倾向于以三维形式进行感知。

埃舍尔的另一件杰作是他的自画像《手与反射球体》：实际上，这位艺术家所持的并不是一个球体，而是一个底部为球形的瓶子。

艺术

梵蒂冈没有尽头的楼梯

　　梵蒂冈博物馆的双螺旋楼梯是世界上拍摄率最高的楼梯，当然也是最美的楼梯。它的螺旋结构介于斜坡和楼梯之间，这是为了在紧急情况发生时，马匹也可以通行。数年前，这一楼梯既被用作入口，也被用作出口。众多的观光者意味着这一楼梯常常挤满了人，这就造成了一种错视效应：不知为何上楼的人与下楼的人从来不会相遇，直到对楼梯结构进行分析之后才解开了这一谜题。

　　1932 年 12 月 7 日，梵蒂冈博物馆的双螺旋楼梯首次向公众开放。至于我们今天所看到的楼梯，建筑师是朱塞佩·莫莫，但该楼梯的原身是由多纳托·布拉曼特（1444—1514）设计的，楼梯栏杆则由马莱尼负责。工程师兼建筑师莫莫（1875—1940）在皮埃蒙特和都灵修建了几座建筑，但还是在罗马建造得最多。教宗庇护十一世曾委托他进行梵蒂冈城的建筑改造，他完成了 200 多个建筑项目，包括梵蒂冈的总督府、火车站、宗座拉特兰大学总部和梵蒂冈博物馆入口（包括一座双螺旋楼梯和玻璃顶棚）。

　　直到最近，人们才开始注意到上下楼梯时会产生一种神奇的错视效应，使得楼梯看起来似乎没有尽头。一种合理的解释是，双螺旋楼梯自上而下朝着右边回旋，看起来就像两座楼梯交织在一起，一座上行楼梯，一座下行楼梯，构成了一种类似 DNA 的结构，造成这一楼梯似乎没有尽头的错觉。

1505 年，建筑师多纳托·布拉曼特设计了入口处的斜坡，之后莫莫以这一斜坡为基础修建了整座楼梯。布拉曼特被视为罗马文艺复兴的先驱，而这场文艺复兴运动以肃穆、古典美和明晰为典型特征。

艺术　　　　　　　　　　瓦格纳的无终旋律

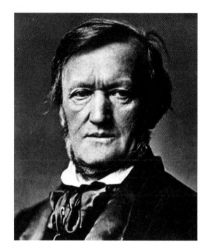

威廉·理查德·瓦格纳（1813—1883）大概是 19 世纪下半叶最重要的音乐家。他将自己的歌剧称为"音乐剧"，并以此闻名。和大多数作曲家不同的是，瓦格纳还自己写歌词，并负责舞台设计。瓦格纳的美学设计以"整体艺术作品"理念为基础，对当时的音乐产生了重要影响。至今，瓦格纳的影响在哲学、文学、视觉艺术和戏剧中也可见一斑。

在瓦格纳的"整体艺术作品"理念中，音乐剧应当把歌词、歌曲、剧情等元素都糅合到一起，构成一个作品单元，一曲"交响乐"，不论剧情如何变化发展，乐曲都不会中断。对于瓦格纳而言，剧情是重点，而剧情需通过歌曲及歌词来呈现，因此这三种元素密不可分，缺一不可。在音乐剧中，不存在歌词或歌曲哪一个更重要，这两种元素需交互协作，将剧情呈现给观众，这才是艺术作品的真正实现。正因此，瓦格纳认为歌曲和歌词需由同一人完成。

为了使音乐剧的语言效果和戏剧效果达到最大限度的紧凑，其乐曲结构应当保持完全的连续性——即采用"通谱结构"，也就是说，乐曲应当连贯流畅，没有间断，没有重复。其中一种关键手段便是头韵的使用，即重复两个或两个以上连续排列单词开头的重读辅音。在瓦格纳的头韵词中，每一行的重音数量一开始是不规律的，从而改变了传统的乐句四分法（乐句由 4 ~ 8 个小节组成，在 18 世纪晚期很流行），不规律的乐句在人声与管弦乐之间交替出现，将人声与管弦乐声连接起来，几乎没有间断，这就构成了著名的无终旋律。

聪明的人能够从无终旋律中获得启发，其中最著名的便是德国哲学家弗里德里希·尼采。数十年间，尼采与瓦格纳一直维持着爱恨交加的关系。

艺术

安德里亚·波佐与无限

　　17世纪，作为科学思维基础的宇宙秩序价值观被打破。随着开普勒等科学家的出现，实验、假设和科学推理超越了传统的宇宙观念。无限以图画空间的形式出现。因此，早在15世纪晚期就开始使用的幻视法被系统化也就不足为奇了。

　　耶稣会会士安德里亚·波佐（1642—1709）是意大利画家、建筑师、作家，以宏伟的建筑透视图、教堂和宫殿中的穹顶和拱顶壁画而闻名；他采用了幻觉派的大小比例欺骗法，将建筑、雕塑和绘画融为一体。波佐的艺术技巧被编入《建筑绘画透视》一书中，该书是18世纪意大利的一本重要读物。

　　波佐的艺术活动主要集中在为几所新耶稣会教堂绘制装饰壁画，当时这些教堂正处于快速发展时期。因此，波佐接下了许多耶稣会教堂的装饰工作，例如摩德纳、博洛尼亚和阿雷佐的教堂。1676年，他负责了蒙多维（皮埃蒙特）的圣弗朗西斯科·萨维里奥教堂的内部装饰。波佐极具现代意识的幻觉派绘画技巧在这所教堂里可见一斑：仿金色、青铜色雕塑、大理石柱、平面屋顶上的仿圆顶错视画，以及建筑背景中的人物画。

　　波佐最杰出的作品是在罗马圣依纳爵教堂所绘的拱顶壁画（1685—1694），这幅壁画体现了令人惊叹的错视画技巧。在这个拱顶上，波佐展示了卓越的透视图画法，令人印象深刻。他将实际的建筑结构延伸至虚构的结构之中，此外，教堂地板上还标出人们应该站在哪里观赏才能最佳地欣赏巴洛克风格的壁画。

透视概念是巴洛克艺术家最关心的问题。安德里亚·波佐则展示了他在运用这一技巧时的游刃有余，他借助该技巧在许多建筑的拱顶壁画中创造出无限的空间效果。

艺术

埃德加·爱伦·坡的《我发现了》

EUREKA:

A PROSE POEM.

BY

EDGAR A. POE.

NEW-YORK:
GEO. P. PUTNAM,
OF LATE FIRM OF "WILEY & PUTNAM,"
155 BROADWAY.
MDCCCXLVIII.

埃德加·爱伦·坡（1809—1849）是美国浪漫主义作家，世界短篇小说大师，美国短篇小说的先驱者。爱伦·坡彻底颠覆了哥特式小说，他所创作的恐怖小说令人印象深刻。此外，爱伦·坡也被视为侦探小说之父，他还创作了几部新兴流派的科幻小说。

爱伦·坡的一些经典作品家喻户晓，比如《黑猫》《泄密的心》《乌鸦》。然而，爱伦·坡的另一面却几乎不为人知：他从小就对科学感兴趣，并认真阅读了牛顿、开普勒、拉普拉斯等人所著的天文学和宇宙学作品。事实上，爱伦·坡还给出了奥伯斯佯谬的最合理解释，并提出宇宙起源于一场爆炸（现在被称为宇宙大爆炸）。

1848年，在妻子弗吉尼亚·克莱姆去世后，爱伦·坡创作了一篇名为《我发现了》的短文，献给科学家亚历山大·冯·洪堡。在文中，爱伦·坡向我们讲述了宇宙的各个方面，介绍了形而上学、天文学、数学，还有宇宙的精神。此外，他还提出所有的一切都是为了同一个目的：寻求终极真理。

爱伦·坡相信这篇文章能够为人类科学史做出贡献。然而，这篇文章并不以科学为基础，而是以贯穿宇宙的诗歌为主题。因为其中描绘的是对未来不着边际的憧憬，这篇文章遭到现当代科学家的批评。爱伦·坡被许多人贴上近乎疯狂的标签，后来，因为有以波德莱尔为首的法国象征主义流派的支持，爱伦·坡才得以摆脱人们心目中的疯狂印象。

这位恐怖故事和哥特式文学大师十分热衷科学。《我发现了》实际上阐释了一种宇宙学理论，与大爆炸、相对论、黑洞理论不谋而合。此外，文中还首次给出了奥伯斯佯谬的最合理解释。

艺术　　　　　　　节拍器

节拍器是帮助音乐家在作曲时保持节奏稳定的工具。它会发出一种类似时钟的滴答声，用以确定节奏，而正确的节奏代表着对乐曲中音符的准确阐释。在传统的节拍器中，可以通过放置在节拍器钟摆上的一个可以移动的重物来改变速度（以每分钟节拍数计），但也有通过刻度盘或一系列按钮调整速度的电子节拍器。以前的节拍器内部是一个钟摆，钟摆上装有一个可调节的滑轮，用于加快或减慢速度。

在节拍器问世以前，作曲家们以人的平均脉搏为参考速度（大约每分钟80拍）。节拍器的发明可以追溯到1812年，当时荷兰人德里希·尼古拉斯·温克尔（1780—1826）提出了这一设想。温克尔是节拍器的发明人，但他却没有足够的远见为其申请专利。后来，他的同乡，约翰·梅尔策尔抄袭了他的想法，并于1816年获得了便携式节拍器的专利。作曲家路德维希·凡·贝多芬（1770—1827）是第一位使用节拍器在音乐作品中建立时间标记的音乐家。

值得一提的是，许多曲子的乐谱顶端都会注明演奏时应当遵循什么速度。之前是用快板、活泼、行板、急板等主观术语来确定乐曲的节奏，但是现在习惯借助节拍器，用准确的术语注明每一拍的时值。

音乐专业的学生经常使用节拍器进行练习，这有助于他们遵守标准时间。对于有听力障碍或精神运动障碍的人来说，节拍器十分有用，这是一种通过动画图表标记时间的可视化节拍器，节拍的时值一目了然。

运用节拍器可以准确地指明一首曲子应该以怎样的节奏（速度）演奏。要想改变节拍器的速度，必须移动顶部的平衡物：抬高平衡物以减慢节奏；放低平衡物以加快节奏。

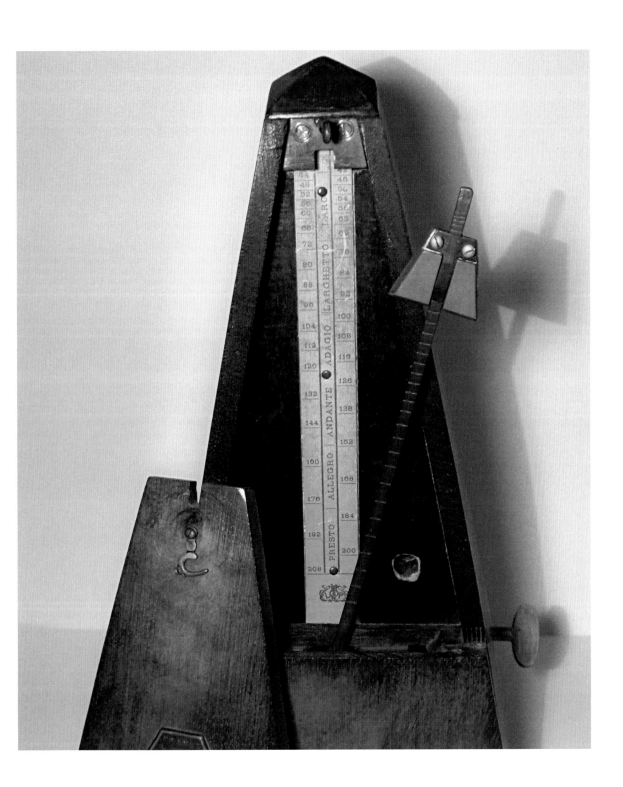

艺术

爱德华·蒙克：无尽的呐喊

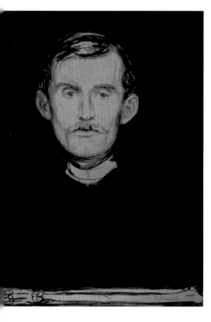

爱德华·蒙克（1863—1944）最著名的画作《呐喊》创作于1895年，是表现主义运动的代表作品，也是这个时代最具辨识度的文化符号。鲜艳的色彩，强有力的笔触和扭曲的线条使其成为烦恼与痛苦最真实的表达。

《呐喊》反映画家自己所遭受的恐惧和折磨。这幅画的表现力很大程度上归功于所使用的绘画技巧及其效果——鲜明的色彩，扭曲的线条。这幅画有好几个版本，近景都是一个雌雄同体的人物，这是一个对存在主义感到绝望且处于极度痛苦中的现代人。画中的背景是从厄克贝里山上看到的奥斯陆峡湾。

第一个版本，名为《绝望》，画的是一个戴帽子的男人，但作者觉得这幅画并不能真正反映他所经历的黑暗时刻，于是他以相同的名字创作了第二个版本。画中的人物并不写实，他面对着观众，表现出真正的绝望，而不是单纯的忧郁沉思。人们觉得蒙克之所以会采用这种表达方式，可能是受他在1889年巴黎世界博览会上看到的秘鲁木乃伊的启发。

要想真正理解《呐喊》，我们必须回顾蒙克的童年时代。蒙克的父亲极为严厉，母亲去世后，姐姐又被肺结核夺去生命，这使他感到自己被遗弃，从而陷入深深的无助之中。后来，蒙克的妹妹也因为躁郁症住院。这位艺术家时而清醒，时而癫疯，酗酒又加重了他的病情，在他1892年前后的日记中可以窥见他当时的情绪：

"我和两个朋友沿着小路走着。太阳快要落山了，天空突然变得血红，我顿了一下，感到筋疲力尽，倚在栅栏上，蓝黑峡湾和城市上空血火交融。两个朋友往前走了，我独自焦躁不安地站在那里。突然，我感觉到一声无尽的呐喊穿过天地。"

爱德华·蒙克以悲伤和痛苦的方式表达了人们的烦扰和沮丧，他也因此被认为是表现主义运动中最重要的画家和作家。

德罗斯特效应

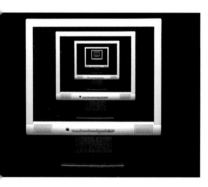

一张具有德罗斯特效应（也被称为嵌套结构）的图案中包含着一张与原图案结构相同但尺寸较小的图案；这个稍小图案里又包含另一张与它结构相同但尺寸更小的图案……

这一效应以荷兰德罗斯特公司的名字命名，在这家公司传统的金属包装盒上印着一位护士，她托着银托盘，上边放着一杯热巧克力和一个德罗斯特牌的可可包装盒。在这个包装盒上，很明显可以看到一位护士托着一个银托盘，托盘上放着一个德罗斯特牌包装盒，而在这个包装盒上，又出现了同样的图案……

嵌套结构源于法国纹章学。在法国的纹章中，盾牌上的纹章中心经常嵌着一个与原盾牌相似的小型盾牌图案。如果我们继续下去，自然会陷入无限的链条之中，因为每一个盾牌中心总有一个更小的盾牌图案，在这个更小的盾牌图案中心又会有另一个还要小的盾牌图案。

这种重复的图案只能在理论上无限地缩小，因为每次重复，图案的尺寸都会呈指数式缩小，而印刷技术所能达到的分辨率有限，因此实际上缩小的次数是有限的。

我们很少在广告或杂志的封面上发现德罗斯特效应，但这种视觉效应并不是最近才提出的。例如，1320 年，乔托·迪·邦多纳在《斯特凡内斯基三联画》中便应用了这一效应，现在这幅画收藏在梵蒂冈博物馆。中世纪的一些书籍也应用到了这种递归重复图案，此外，彩色玻璃也会映射出同样的缩小版的彩色玻璃。

把两面镜子相对而放，让它们互相映射，这样就能形成德罗斯特效应。如果有人从镜子前走过，镜子中的图像就会无限映射下去。

20 世纪 70 年代末，诗人兼专栏作家尼科·舍普马克创造了"德罗斯特效应"这一术语，但是早在 20 世纪 50 年代，艺术家莫里茨·科内利斯·埃舍尔就已经在自己的作品中大量应用德罗斯特效应了。

艺术

莱奥帕尔迪的《无限》

Sempre caro mi fu quest' ermo colle,
E questa siepe, che da tanta parte
De l'ultimo orizzonte il guardo esclude.
Ma sedendo e mirando, interminato
spazio di là da quella, e sovrumani
silenzi, e profondissima quiete
io nel pensier mi fingo, ove per poco
Il cor non si spaura.. E come il vento
Odo stormir tra queste piante, io quello
Infinito silenzio a questa voce
Vo comparando: e mi sovvien l'eterno,
E le morte stagioni, e la presente
E viva, e 'l suon di lei. Così tra questa
Infinità s'annega il pensier mio:
E 'l naufragar m'è dolce in questo mare.

　　贾科莫・莱奥帕尔迪（1798—1837）伯爵是浪漫主义时期最重要的意大利诗人之一，也是文坛的领军人物。他的作品充满了对哲学的沉思和反思。

　　他于 1819 年 9 月撰写了他的早期诗集《无限》，这本诗集涉及莱奥帕尔迪诗歌中的一个重要主题。莱奥帕尔迪曾经爬上家乡的雷康那蒂山，对着那里的景色沉思，从中获得了大量灵感。树篱挡住了他看向地平线的视线，这让他不禁想象：在树篱之外，有一个无限的空间，那里是如此的宁静与祥和，甚至让他感到不安，直到树丛间突然的风声把他拉回了现实。

　　将诗歌置于其文化语境中，人们可以理解莱奥帕尔迪的思想和他无限的诗意。人类本质上是为无限而生的，但却不知道如何达到无限。人类需要的是幸福，即无尽的快乐，但是他们却无法实现，因为周围的一切都是有限的。这就会导致他们一直感到不满，并渴望摆脱限制和束缚。当"不满"情绪达到顶峰时，人们就会感到乏味，人们觉得世上没有任何东西能够满足他们，也没有任何东西可以激起他们对无限的憧憬。

　　无限欲望与无法获得无尽的快乐之间的矛盾是莱奥帕尔迪所有作品和思考的基础：如果人们不接受想象（即使想象是错的），就算人们质疑生命的意义，他们也只会以无果告终。因此，人是不快乐的、绝望的。然而，诗人总会表达自己决不认输的愿望，即使知道快乐是无法企及的，但他仍会继续追求。

这孤独的小山啊，
对我老是那么亲切，
而篱笆挡住我的视野，
使我不能望到最远的地平线。
我静坐眺望，仿佛置身于无限的空间，
周围是一片超乎尘世的岑寂，
以及无比深幽的安谧。
在我静坐的片刻，
我无所畏惧，心如死水，
当我听到树木间风声飒飒，
我就拿这声音同无限的寂静相比，
那时我记起永恒和死去的季节，
还有眼前活生生的时令，
以及它的声息。
就这样，我的思想
沉浸在无限韵味的空间里，
在这个大海中遭受灭顶之灾，
我也感到十分甜蜜。

艺术

方位基点和无限方向

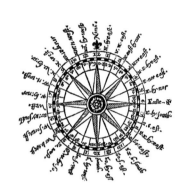

定位地点会用到方位基点。根据地球自转，方位基点与太阳全天在天空中的运动有直接的关系。方位基点还包括通用的笛卡尔坐标系，用于表示地球表面各计划和地图的方位。对于既定的坐标系而言，点和直线一直被用于描述空间位置。从坐标轴内的任意一点出发，都有无数条直线和路径。

不同的文化赋予了四个方位基点不同的价值和符号。确定四个方位基点的方法如下：以北极所在位置为北，正午太阳位置为南，太阳在春分秋分的起落点分别为东、西。这四个方向是四个90度角，然后由二等分线分割，产生西北、西南、东北和东南，重复相同的操作可得到常见的风向玫瑰图。风向玫瑰图涵盖了地球表面32个主要方向及风向，自古以来就被用于海上导航。

"基本的"（cardinal）这个词来自拉丁词"卡多"（cardo），是指罗马城里从北到南铺设的街道。这就意味着真正的枢轴点在北方，至少从词源学角度看，南方次于北方。

在北欧神话中，诺德里、苏德里、奥斯特里和威斯特里是四个矮人，他们分别支撑着世界的四个角落，他们的名字来源于四个方位基点（分别是北、南、东和西）。

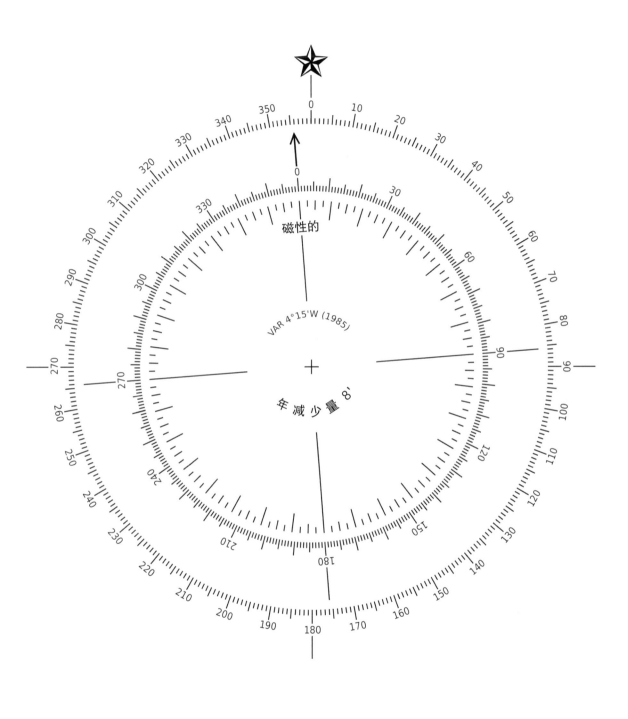

艺术

平行线和射影几何

当我们说两条平行线相交于某一点时，这一定就是在射影几何的层面上讨论。射影几何是一种数学模型，用于研究透视和水平的直观概念，不考虑测量因素。这一模型基于两个明确的前提：两点确定一条线段，并且任意两条线相交于一点。这个截点被称为理想点或无限远点。

三维图示的早期阶段出现在人类知识的黄金时代——文艺复兴时期。自古以来，人们就认为有必要用图画描述周围的环境，如洞穴壁画。但直到文艺复兴时期，像列奥纳多·达·芬奇、阿尔布雷希特·丢勒或皮耶罗·德拉·弗朗西斯卡，以及之前的艺术家乔托，从未尝试过用图画的形式表示深度。所以，需要建立正式的基础，为表示深度的新几何形式奠定基础，即射影几何。射影几何的基本原理由数学家吉拉德·笛沙格（1591—1661）提出，可能是由于天才笛卡尔的光芒太盛，他的著作在两个世纪内都未能引起关注。

射影几何包含任意两线之间的所有基本属性：在射影平面中，两条不同的线 L 和 M 总是正好相交于点 P。与传统几何相反，射影几何不存在平行线。将无限远点或理想点添加到平面，平行线的经典公理（欧几里得几何）就不再适用。因此，两条平行线具有共同的理想点，这个点可以看作理想点的方向。这些新点反过来形成一条线，被称为无限远线或理想线、视界线。

吉拉德·笛沙格是一名热衷于将数学应用于建筑和绘画的建筑师和军事工程师。他习惯将自己的想法写在活页纸上，然后分发给同事，但这些活页纸并未发表，因此遗失了大量资料。

艺术

数字画家

出生于法国的波兰艺术家罗曼·欧帕尔卡（1931—2011）痴迷于时间的流逝。他把时间想象成一种不可逆转的连续体，流淌于人世，生命的脉搏在浩瀚的无限之中逐渐走向死亡。于是在 1965 年的一天，欧帕尔卡开始在他位于华沙的工作室里记录一连串数字，在一张全黑画布上，他用颤抖的手在画布的左上角画上数字 1，这个数字会无限增加，延伸至欧帕尔卡注定要到达的地方。当欧帕尔卡去世时，他已画到了 5 607 249。

欧帕尔卡共绘制了 233 幅图，合称为《欧帕尔卡 1965/1- ∞ 》。46 年的艰难创作，在一些批评者看来，他所做的无异于自杀。他总是使用 196 cm×135 cm 的画布，并且他画出的数字总是相同，而且他总是用 0 号画笔。每个数字的大小仅一厘米，每幅画都紧接着上一幅。1968 年，他把画布从黑色换成灰色，1972 年，当他画到 1 000 000 时，他逐渐开始淡化背景的色调，每年都在画布的背景色中多添 1% 的白色。2008 年，他几乎是在使用白色的颜料在白色的画布上作画，他把这种色调称为白色阴影，其中白色很好地衬托出其他颜色。

同样在 1972 年，他开始用磁带给自己录音，记录他绘制数字的状态，他每天大约画 380 个数字，每张画布上有 20 000 ～ 30 000 个数字。当他每完成一幅画，他就会在他的作品前拍摄一张照片。他总是在相同的条件、照明技术下记录不断增加的数字序列与艺术家走向无限时的衰老之间的平行关系。

据说欧帕尔卡对时间的痴迷始于 1965 年的一个下午，他在华沙的一家咖啡馆等待妻子，但妻子迟迟未到，于是他忽然想到可以用绘画来表示时间的流逝。

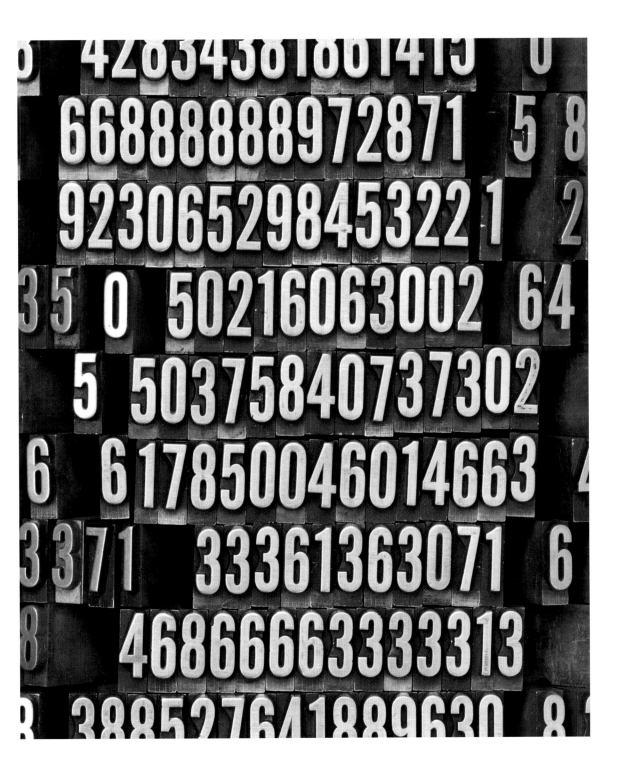

艺术

豪尔赫·路易斯·博尔赫斯的无限

众所周知，数百年来，无限表现在人类艺术的各个领域。豪尔赫·路易斯·博尔赫斯（1899—1986）是阿根廷最伟大的作家。其作品极具普世意义，其中好几本小说都以无限为主题。

博尔赫斯选择以短篇小说的形式来表达他对无限的想法，因为在他看来，无限不仅无法实现，而且不可想象。根据博尔赫斯的观点，无限是一个负面的概念，他的多本小说均以无限为主题，比如在《巴别图书馆》和《沙之书》中，他认为无限是一种混沌和不确定的状态。这个意想不到的概念不同于数学中的无限概念，数学中的无限与一连串遥不可及的数字相关。在作家博尔赫斯眼里无限是另一回事。

在《沙之书》中，他提出无限藐视一切规则，凌驾于所有秩序和预言之上。在这本小说里，他将无限喻为一本神秘之书，主人公从陌生人手中接过这本书。这本书就像沙子一样，既没有开始也没有结束：书的页数是无限的。页面的编号毫不相关，一旦翻页，就再也不能返回。主人公讲述了他为找第一页而付出的努力，但一切都是徒劳。最终这本神秘之书成了主人公的困扰。

作为形而上学的狂热粉丝，博尔赫斯对数学家格奥尔格·康托尔的无限理论非常感兴趣。康托尔用希伯来字母代表的超限数，是博尔赫斯小说情节的灵感来源。

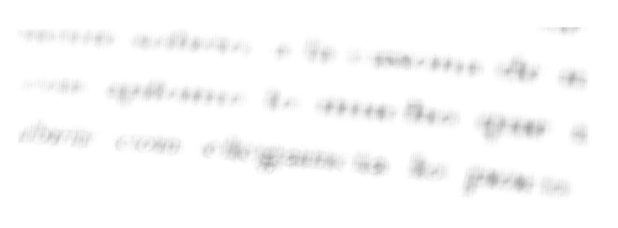

尼科罗·帕格尼尼和《无穷动》

　　艺术大师、作曲家尼科罗·帕格尼尼（1782—1840）被认为是有史以来最伟大的小提琴家之一。他用自己的方法来演绎小提琴，并琢磨出了一种比当时的通用技巧更为巧妙的拉法。他在小提琴上表现出了极高的天赋，以至于有人说他是凭借与魔鬼的一纸契约才拥有了这样的超能力。他可以只用小提琴四根弦中的一根（首先将另外三根琴弦取下）来演绎极难的作品，可听起来就好像有多把小提琴在同时演奏一样。

　　他巡演欧洲，凭借自己的作品和改编的歌剧取得了成功。他为小提琴和管弦乐队创作了协奏曲，除了两首完整的协奏曲外，其他的只有乐曲框架。他还重创了四首协奏曲，并在小提琴和奏鸣曲领域留下了《24首随想曲》。

　　据说帕格尼尼在三分钟内演奏了他的作品《无穷动》，这部作品至今都没人能在四分半钟内完成。这首作品以一个音乐术语命名，永动或无限动，指一种作曲类型，其特点是多次重复整首或部分曲子，重复次数没有具体规定，一旦开始重复，旋律就不能停止。

　　无穷动的音乐风格在19世纪后期达到了顶峰。无穷动乐曲通常在音乐会的加演节目中演奏，有些时候通过重复增强节奏。

　　帕格尼尼的小提琴技巧达到了出神入化的境界，一时舆论哗然，有人说他与魔鬼订立了契约，手指才如此灵活，又有人说他灵活的手指是疾病所致，但帕格尼尼从未想过澄清这些谣言。

THE MODERN ORPHEUS,

Opera House June 3rd 1831.

Sketches of the Musical World Nº 1. to be continued.

Published by Thos. McLean, 26, Haymarket, June 10th 1831.

艺术　　　　　　　　# 所罗门王结

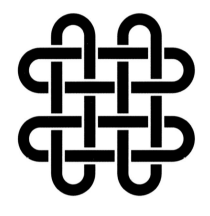

根据《圣经》的传统，所罗门是以色列最具智慧的君主；他从上帝那里得到了辨别善恶的能力，并建造了一座象征神在人间居所的圣殿。在中世纪早期和随后的几个世纪里，与所罗门有关的所有物件或符号都是威望的象征，象征某种神奇、权势和美好的东西。

除了圆形或螺旋形等符号之外，所罗门王结可被视为最古老、最常见的符号：在岩石艺术中，在偏远地区及所有伟大的人文文化之中，比如从罗马到日耳曼，从犹太教到伊斯兰教，从印度到各种非洲文化，都可以找到所罗门王结的踪迹。在基督教早期艺术中，所罗门王结非常普遍。在早期罗马教堂的碎片残骸中可以找到一些所罗门王结的痕迹。自所罗门王结在凯尔特文化中达到顶峰后，人们认为罗马人在接触凯尔特文化不久之后，便在自己的领土上普及了所罗门王结的用途，包括结的主题、编织样式和起伏形状。

所罗门王结由两部分组成，通常是两个相接的细长圆环，在中世纪多为盾形、矩形或尖拱形，代表两个元素的连接和结合。最初，它代表了神与人的结合，同时象征着一句古老神秘的格言："底似顶，顶似底。"所罗门王结的主要特点是顶部和底部、左侧和右侧之间的绝对对称，无论从哪个面看，它的形状和意义都相同。

正如螺旋和圆圈一样，所罗门王结是现存最古老的符号之一。几个世纪以来，所罗门王结广泛用于手工艺品、建筑和其他艺术作品中。

艺术

草间弥生和她的《无限的网》

草间弥生，生于 1929 年，日本当代艺术家，致力于绘画、拼贴、雕塑、行为艺术与装置艺术，对迷幻色彩、重复和纹样表现出了浓厚的兴趣。草间弥生的作品多样，独树一帜，其作品集《无限的网》收集了她最优秀的作品，这些作品在视觉层面上极其复杂，在概念层面上极具争议。

由于自小受到幻象和幻觉的折磨，她的作品中也体现出了强迫症的特征。最引人注目的一点是她所有作品的表面都覆盖着大量的波尔卡圆点。在她《无限的网》系列作品中，无论画作、物体还是环境，上面都布满了重复的波尔卡圆点，而且她将镜子作为延伸工具，这使得她的作品既令人着迷又让人感到慌乱。

1957 年，草间弥生搬到纽约，在一张空白的单色大画布上绘制了第一幅《无限的网》，从此开始了一系列不同尺寸的创作，有些画作高达 36 英尺（约 11 米）。草间弥生通过简单的轻弹手腕，不断重复形成波尔卡圆点网，借此表达她对无限的痴迷。在 1960 年和 1961 年，她以同样的方式继续创作，但她加入了色彩。草间弥生将《无限的网》称为"没有开始、结束和中心的画"。整个画布被单色网络覆盖。这种无限的重复会引起眩晕和空虚，让人产生被催眠的感觉。

1973 年，草间弥生回到日本，突然从艺术界消失，就像她当时突然地出现一样。1977 年，她被诊断出患有强迫症，并自愿进入精神病院，此后她一直住在那里。

草间弥生的代表作包括软雕塑作品《堆积》和《无限镜屋》，在这些作品中，形状的积累和重复得到进一步发展。波尔卡圆点和专色是其创作的关键要素。

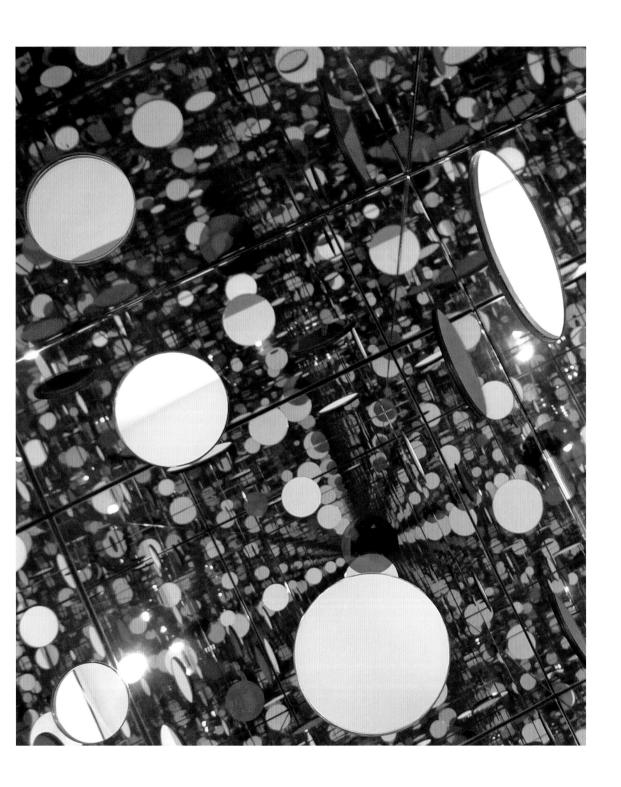

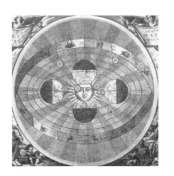  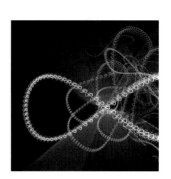

哲学

哲学

阿那克西曼德和宇宙无限论

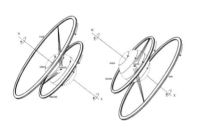

阿那克西曼德（公元前 610—前 546），古希腊爱奥尼亚籍哲学家，出生于米利都，泰勒斯的追随者和继承人。阿那克西曼德目前仅存一部论述自然的著作，我们可以通过其他作者编汇的评述了解阿那克西曼德的思想言论。阿那克西曼德借助日晷测算出了两分两至点（春分秋分、夏至冬至），确定了恒星的距离和大小；他始称地球呈圆柱状，处于宇宙的中心；此外，他还绘制出一幅世界地图。

阿那克西曼德针对何为"本原"这一问题所作的回答无疑超越了泰勒斯的假设。阿那克西曼德认为世界的一切都起源于一种叫 apeiron（希腊文作 ἄπειρον，汉语意为"无限"或"不确定"）的无形物质，这个最原始的元素，即"本原"。他认为"本原"不是水也不是其他任何所谓的元素，而是某种无限制、无界定的"apeiron"，它是一种永恒的存在，无法毁灭、永不消亡、不可再生，这种物质孕育出了天堂和世界。但是，万物因它而生，也因它而灭。

阿那克西曼德的宇宙论描述了宇宙是如何形成的：在旋转的过程中，冷与热分离，宇宙就此产生。火包裹了世界的外围，这一点透过我们称之为星星的洞眼可以观察到；而冰冷潮湿的地球则处于世界的中心。他还宣称最原始的动物由水或泥演变而来，被太阳烘烤后它们迁徙到地球上，人类也从鱼演化而来，这一观点无疑是对现代进化论的敏锐推测。

米利都的阿那克西曼德被认为是第一张世界地图的绘制者以及地图学的创始人。不幸的是这张世界地图没能保存至今，但他的世界地图上确实绘制出了人类居住的整片大陆和全部已知的海洋河流。

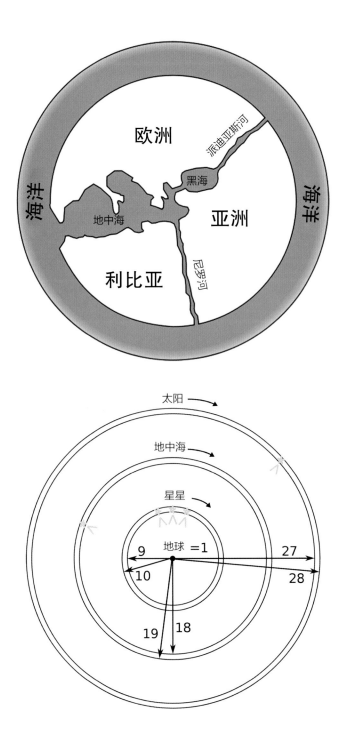

哥白尼与日心说

尼古拉·哥白尼（1473—1543）提出了首个太阳系日心说理论，该理论标志着科学革命的开端。哥白尼花了20多年的时间完成了《天体运行论》，他也因此被认为是现代天文学的奠基者。

《天体运行论》描述哥白尼体系（日心说），并记录能够证明该体系所必需的数学依据。哥白尼体系彻底颠覆了之前的天文学，依其观点，太阳位于宇宙的中心，水星、金星、地球、月球、火星、木星和土星沿各自的轨道绕着太阳转。与亚里士多德和托勒密的宇宙论（除了萨摩斯的阿利斯塔克）不同的是，哥白尼认为地球并不是静止不动地存在于宇宙的中心，地球也是一颗行星，并且是距离太阳第三近的行星。哥白尼宣称，我们的星球存在三种运动方式：每天自转一周，每年公转一周，地轴的倾斜度呈周期性改变。根据这一理论，与地球到其他恒星（恒星都是静止不动的，不围绕太阳旋转）的距离相比，地球到太阳的距离要近得多。

这一模型是西方科学史上最重要的理论之一。对于中世纪的宗教意识形态来说，这种转变代表着一个封闭的、等级森严的以人为中心的宇宙，被一个面向太阳的无限均匀的宇宙所取代。这使哥白尼对是否应该发表自己的作品产生怀疑，因为他意识到如此大规模的披露可能会导致他与教会产生冲突。之后哥白尼因病去世，他最终也未能看到此书出版。

1543年，《天体运行论》第一版面世，其中介绍了该书是献给教皇保罗三世的专著。作者指出，当时的天文学家们未能就行星旋转理论达成共识，同时强调，他们的发现和预测有助于教会解决时下最重要的问题，因此，编著此书具有重要价值。而开发更准确的日历正是当时最重要的问题，这项重要任务有助于促进教会赞助和资助天文学。

尽管哥白尼体系模型最初被嗤之以鼻，但17世纪时得到了人们的广泛接受，直到20世纪，人们才发现太阳和银河系都不是宇宙的中心。

哲学

乔尔丹诺·布鲁诺与无限

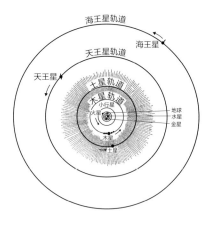

乔尔丹诺·布鲁诺，原名菲利波·布鲁诺（1548—1600），宗教哲学家、天文学家和诗人。布鲁诺之后在那不勒斯学习，主修人文和辩证法。在他的作品中，可以瞥见库萨的尼古拉、柏拉图、新柏拉图主义者甚至前苏格拉底哲学的影子。尽管他对记忆术和逻辑学也感兴趣，但他主要还是一名自然哲学家。

据说，布鲁诺曾阅读过哥白尼的著作《天体运行论》（1543年），这本书在当时鲜为人知。在他看来，哥白尼没有深入探究并阐明日心说的全部意义。作为一本数学读物，《天体运行论》并没有深入挖掘日心说完整的形而上学意义。

布鲁诺把哥白尼日心说发展到了极限：他提出，整个亚里士多德体系都是错误的。换句话说，天空并不存在，宇宙是无限的，世界也有无限多个。这与希腊人的观念有冲突，因为在希腊人的眼中，完美是有限的；另外，"宇宙"和"世界"不再是具有上下义关系的同义词。因此，根本不可能确定出宇宙的中心，要测量宇宙的周长就更是难上加难了。宇宙中不存在透明的球体：恒星在太空中自由漂移，天空并不存在，因为所有的恒星都是由相同的元素组成的。

为了支撑自己的理论，布鲁诺假定了一个前提，即有限的宇宙并不与上帝的无限力量对等，这是因为假如上帝限制了自己的创造力，这便是毫无意义的。除此之外，布鲁诺认为，世界是自发运动的，无须依靠亚里士多德提出的驱动力。万物都有生气，因此，从这个意义上来讲，宇宙就像一个巨大的动物。

布鲁诺关于空间无限、恒星运动、世界多元和日心说的思想导致他受到天主教会和宗教法庭的迫害。1592年，布鲁诺被冠上亵渎神明、散布异端邪说和不道德的罪名，锒铛入狱。人们谴责他是异端分子，不知悔改、固执己见、自以为是。1600年，布鲁诺在罗马被活活烧死。毫无疑问，布鲁诺的死对人类文明的科学进程造成了消极影响，但他的科学观察成果仍然影响着其他学者。如今，布鲁诺被认为是科学革命的先驱之一。

400多年前，布鲁诺提出无限的宇宙中存在无限多个世界，成功预见了现代科学的发展。

康德与无限的二律背反

伊曼努尔·康德（1724—1804）是一名启蒙运动哲学家。他是德国唯心主义的主要代表，被认为是现代欧洲哲学中最具影响力的思想家。他最重要的作品是《纯粹理性批判》，该书通常被视为哲学史上的里程碑、现代哲学的开端。

康德在《纯粹理性批判》中提出了四组二律背反，即由两个自相矛盾的陈述引出的悖论。伊曼努尔·康德认为，当我们的理性认识能力超出可能的经验时，往往会陷入几个矛盾之中。无论命题是肯定的（正命题）还是否定的（反命题），都可以从纯理性的角度进行辩护，而且我们的经验并不能证明哪一个命题是对的，也不能反驳哪一个命题是错的。当理性认识越过经验界限时便会发生这种情况。此外，康德指出，先验命题中的陈述是理性主义的，而四个反命题中的陈述是典型的经验主义，即后验命题。

康德第一组关于宇宙无限的二律背反，众所周知，其中的正命题支持下述观点：宇宙在时间上有起点，在空间上有限；而反命题则强调宇宙没有起点且无限，因为宇宙在时间和空间上都是无限的。这两种假设都可以被证明。

宇宙必须有一个起点，如果起点不存在，那么宇宙也就不存在，因为所有存在的东西都有起点和终点，并且宇宙在空间中不能是无限的，因为它存在于空间之中，宇宙必须拥有一个极限才能继续存在。但是如果宇宙在时间和空间上有一个起点，那么在这个起点存在之前又有什么呢？因为万物皆有源，一切都存在于时间之中，如果某物在我们将宇宙称之为宇宙之前就已经存在，那么该物也应该包含在宇宙之中。

这两个命题的错误在于把空间和时间本身理解为事物，而不是把它们作为知识能力在现象中的实践方式。对于第一组二律背反而言，这两个命题都是错误的，因为误把一种违反知识定律和知识条件的理论当作了出发点。

除 1781 年出版的《纯粹理性批判》以外，《实践理性批判》和《判断力批判》都是康德的主要著作。

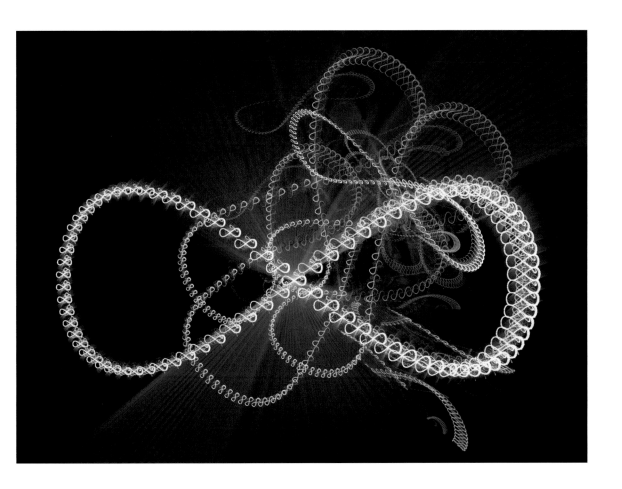

哲学

黑格尔辩证法与无限

　　弗里德里希·黑格尔（1770—1831）是 19 世纪德国最重要的哲学家，被誉为德国理想主义学派之父，他也是一位著名的形而上学家。黑格尔在蒂宾根大学接受了神学教育，在那里他与哲学家弗里德里希·谢林、诗人弗里德里希·荷尔德林相识并结为挚友。黑格尔被柏拉图、亚里士多德、笛卡尔、斯宾诺莎、康德和卢梭等哲人的思想深深吸引，他亦曾因法国大革命而备受鼓舞，直到雅各宾恐怖专政时期他才停止对大革命的支持。黑格尔最重要的代表作是出版于 1807 年的《精神现象学》。

　　在黑格尔看来，无限主要被理解为一种绝对定义。黑格尔提出了著名的无限辩证法以及无限真理观。无限不能被当作有限在发展过程中稳定提升自身局限性的成果——那样的无限观充满了谬误。从辩证法角度来讲，无限应该被设想为发生于有限之中且贯穿有限，而在此之中，强加的局限性会显露出来继而又被否定：这便是黑格尔"否定之否定"的主张。在黑格尔看来，真正的无限是存在片刻的总和，而存在的片刻又是由宇宙所设定的每一个极限所决定的。

　　对于黑格尔来说，无限并没有超越有限，也不是某种空虚的、不确定的事物——无限本身包含有限。无限并非至高无上，而是普遍存在于有限之中。因此无论是个体还是有限都不过是无限之中的片刻，无限是现实的总和。

　　从这个角度讲，这一概念遵循了只有真实才是一切的原则。某物只有被纳入全体之中才具有真实性。就这一点而言，有限并不是真的，而是理想化的、抽象化的事物。对于黑格尔来说，"具体"这个概念具有整体生长、发展的词源学意义，包含各个部分、差异和决定。"抽象"是从整体中剥离出来的一部分或者片刻。只有具体的全体才是真实的。

　　一开始，辩证法被当作一种交谈方法或者我们今天称之为逻辑学的类比法。18 世纪，这一术语则被用来表示事物或者概念之间的分歧及发现和克服上述分歧。

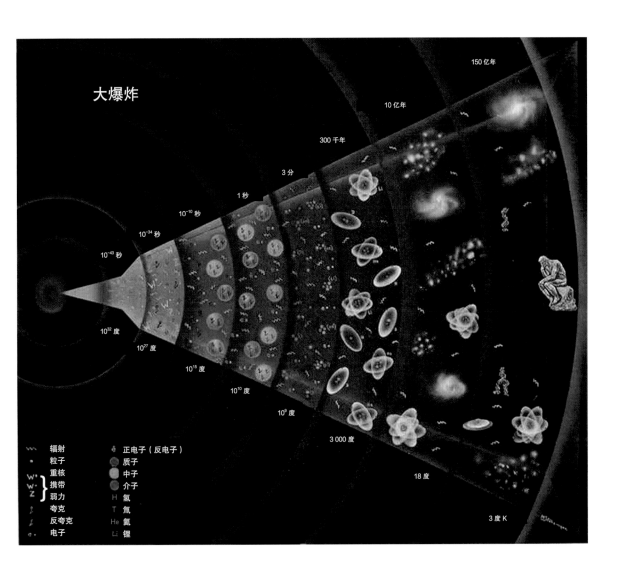

大爆炸

150 亿年
10 亿年
300 千年
3 分
1 秒
10^{-10} 秒
10^{-34} 秒
10^{-43} 秒

10^{32} 度
10^{27} 度
10^{15} 度
10^{10} 度
10^8 度
3 000 度
18 度
3 度 K

〰	辐射	正电子（反电子）	
·	粒子	质子	
	重核	中子	
W⁺ W⁻ Z	携带弱力	介子	
	夸克	H 氢	
	反夸克	T 氚	
e	电子	He 氦	
		Li 锂	

哲学

帕斯卡和他关于无限的两个观点

布莱斯·帕斯卡（1623—1662），法国数学家、物理学家和哲学家，与查尔斯·巴贝奇一起被誉为"计算机之父"。帕斯卡的早期研究涉及自然科学和应用科学，他对机械计算器的发明做出了重要贡献，并促进了概率数学理论及流体研究的发展。此外，他还进一步发展了埃万杰利斯塔·托里拆利的研究，阐明了压力和真空等概念。

1654 年，帕斯卡放弃了数学和物理，转而思考宗教和哲学。他在这个时期的文章和笔记收录于 1670 年出版的《思想录》中，该书竭力捍卫了基督教教义。尽管人们相信，帕斯卡在逝世之前曾规划过此书的框架，但实际上这部作品并不完整，也不知道他打算按什么顺序编写。

帕斯卡提出的第一个无限概念与宇宙有关，他认为宇宙是"一个无限的球体，任何地方都能是宇宙的中心，不存在周长之说"。帕斯卡邀请读者思考宇宙的浩瀚，以便认识人类有限的生存环境及个人的生存境况。

但是，帕斯卡还设想存在一个无限小的、足以吞没我们的深渊，这个深渊超出了我们的理解，并且深不可测。人类个体被夹在无限大的宇宙和无限小的深渊之间，然而这两者都着实令人费解。

在全身心投入哲学研究之前，布莱斯·帕斯卡利用齿轮的传动原理发明了第一台机械计算器，也被称为加法器，可以进行加法和减法运算。

哲学

笛卡尔，无限与上帝

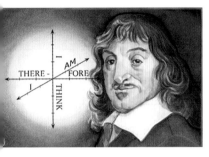

Fig. 1

勒内·笛卡尔（1596—1650）是法国伟大的哲学家、数学家和物理学家，被誉为现代哲学之父，也是科学革命中最杰出的人物之一。他试图运用数学方法终结中世纪流行的亚里士多德三段论推论模式。

笛卡尔提出了三种实体的存在。第一种是人类的思想实体。它代表了第一种真理或必然性，即"我思故我在"，这是西方理性主义的一个基本要素。普遍、系统的怀疑使主体认识到这一现实。思想实体的根本属性是思想或意识。

第二种实体是无限或神灵，即上帝。笛卡尔认为，思维本身并不完美，但是它具有完美的理念。他的推理是这样的：对完美的认识，超越了我本身的不完美，这种认识不能来源于我自己，因为我并不完美，我所看到的也不完美；相反，对完美的认识必须来自一个比我更完美的存在，那就是完美观念的创造者。无限是一种未被创造的实体，它是所有存在被创造的原因。上帝是一种永恒的、不变的、独立的、全知的万能实体。这种实体的主要属性自然是无限性。

第三种是以物质为代表的广延实体。这种实体是广延的根本属性，包含形状、位置和运动三个维度。笛卡尔认为，灵魂是由思想决定的，躯体是由广延决定的，所以它们两个是独立的存在。因此，灵魂感知并体验情感（欲望、悲伤、愤怒等），而躯体则沦为一台受物理定律支配的机器。

笛卡尔认为，无限的概念是由人类之上的自然所强加的，并且无限的概念只能来自这个无限的自然。因此，他认为无限的存在证实了上帝的存在。

埃利亚的芝诺和无限悖论

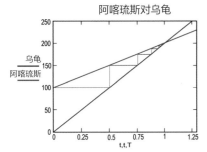

阿喀琉斯对乌龟

埃利亚的芝诺是希腊埃利亚学派的哲学家，出生和死亡日期不详，但人们通常认为他生活在公元前490—前430年。芝诺是巴门尼德的学生，因善于思辨而被后人记住，他曾以此为巴门尼德的文章辩护。

芝诺因其悖论而闻名，尤其是他提出的否认运动存在或否认存在多样性的悖论。芝诺试图证明存在是同质的、独一无二的，因此，空间并不是由不连续的元素组成的，整个宇宙是一个统一体。他采用的是归谬法，即对所给命题的反命题进行论证，以此间接证明所给命题。

芝诺的论证是无限小思想最古老的体现，数个世纪之后，直到1666年，莱布尼茨和牛顿才通过微积分将无限小思想再次发扬光大。

芝诺认为，我们从这个世界上获得的感觉是虚假的，比如，运动并不存在。他最著名的悖论是体育场的跑步者。根据这一悖论，跑步者永远到不了体育场的终点，因为要想到达终点，他必须先跑到体育场的中间点，这样，他又必须先跑完中间点的一半，以此无限地类推下去。因此，从理论上讲，这个人永远不可能到达终点，尽管我们感觉这是可能完成的。

正如苏格兰数学家詹姆斯·格雷戈里（1638—1675）所演算的那样，一个由无限多个项相加的和是无限的。显然，对微积分的这种现代诠释在芝诺生活的时代还是未知的。

在阿喀琉斯和乌龟的悖论中，阿喀琉斯认为，如果让乌龟先跑，他将永远也赶不上乌龟，因为要想赶上乌龟，他必须先跑完他与乌龟之间距离的一半，然后再跑完剩下一半的一半……这样，他将永远赶不上乌龟。

伊壁鸠鲁，空虚和无限

　　萨摩斯岛的伊壁鸠鲁（公元前341—前270）是古希腊哲学家，花园哲学派的创始人。花园哲学派接纳社会各个阶层，包括女性和奴隶，这在当时可谓惊世骇俗。在他众多的著作中，现存的只有三封信和第欧根尼·拉尔修收集的残篇。伊壁鸠鲁学说的主要来源是罗马作家西塞罗、塞内卡、普鲁塔克和卢克莱修的作品，卢克莱修的长诗《物性论》详细阐述了伊壁鸠鲁主义。

　　伊壁鸠鲁哲学可以分为三个部分：提出了区分真假标准的准则学，涉及自然研究的物理学以及从属于这两者的伦理学。从广义上讲，伊壁鸠鲁指出只有一个现实，即理智的世界，他否认灵魂不朽，认为灵魂和其他所有东西一样，都由原子构成。他捍卫伦理理论中的理性享乐主义，对政治毫无兴趣，更愿意追求以幸福为中心的简单而自给自足的生活方式，友谊是其中的关键。心智的快乐高于身体的快乐，但必须拥有足够的智慧才能享受这两种快乐，达到一种精神富足的境界，即伊壁鸠鲁所称的"静心"。伊壁鸠鲁认为，自然界不需要神的干预，自然现象可以用自然原因解释，这比神话更可信，更能让人接受。

　　伊壁鸠鲁物理学采用德谟克利特的原子论，但做了一些修改。两条基本原则是"无中不能生有"，"无论是原子数量还是虚空范围，都是无限的"。世界由两个基本元素组成，即原子和虚空，虚空是原子移动的空间。躯体是"原子系统"。原子的数量是无限的，空间也是无限的，因此，宇宙可能存在着无数与人类同样的世界，世界和人类会经历生死，但宇宙永恒不灭。伊壁鸠鲁提出原子是自由的，并因自发性而运动，这种想法类似于量子力学的不确定性原理。

伊壁鸠鲁物理学强调一切都不是凭空产生的，万物既不能被摧毁，也不能相互转化，这意味着一切都是不变的、永恒的。

Portrait du philosophe
adossé à...

斯宾诺莎和无限样式理论

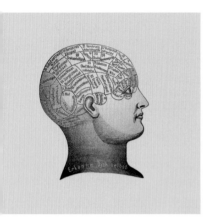

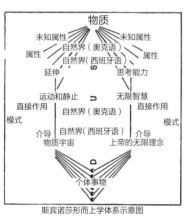

斯宾诺莎形而上学体系示意图

巴鲁克·斯宾诺莎（1632—1677）是一名西班牙裔有犹太血统的荷兰哲学家，他和勒内·笛卡尔、戈特弗里德·莱布尼茨并称为 17 世纪的三大理性主义哲学家。他的主要作品有《知性改进论》和《几何伦理学》。

在《几何伦理学》的第一部分，他引入了"实体""属性"或"样式"等概念。"实体"指现实、自因和所有事物的原因，其本质涉及存在问题。根据他著名的"神即自然"的说法，斯宾诺莎把这种实体称为"上帝和自然"，或者更准确地说，是"上帝或自然"。

斯宾诺莎所说的实体是拥有无限属性的无限存在，每种属性都有无限多的实物或样式。因此可以确定，实体是真实存在的：实体是必要的、无限的，必然也是永恒的。实体是完整的，它占据了一切事物并且没有限制，所以实体的属性是无限的。通过属性，斯宾诺莎认为心灵将实体视为其本质的组成部分。事物具有的实体越多，其属性就越多。

上帝（或自然）与世界及其产物是完全相同的。所有物质实体都是"广延"属性中上帝的表现形式，同样，所有的观念都是"广延"属性中上帝的表现模式。万物或样式是表现出来的自然；物质或上帝是存在的自然；上帝的存在是必要的也是永恒的。

根据"广延"和"思维"的属性，斯宾诺莎将样式分为两个系统，无限和有限。无限样式细分为直接样式和间接样式。因此，对于广延属性而言，直接无限样式是运动和静止，间接无限样式是整个宇宙的表面，而有限样式是有形体的具体事物。对于思维属性，直接无限样式是绝对无限的理解，有限样式是具体的思想（包括各种真假思想和情感）。

斯宾诺莎著名的准则"神即实体，神即自然"将上帝等同于自然。自然是一个整体，一个实体，而事物只是整个无限的一部分。

哲学

亚里士多德物理学的无限

出生于斯塔吉拉的亚里士多德（公元前384—前322）是西方杰出的哲学家之一。他的父亲尼各马科担任马其顿国王腓力二世的父亲阿明塔斯的御医。亚里士多德18岁时进入柏拉图学院，他在那里待了约20年。他的老师去世之后，他决定离开雅典前往米提利尼，在那里他受马其顿的菲利普国王委托，担任其子亚历山大的老师。在亚历山大大帝继承王位后，亚里士多德回到雅典，在利西亚的阿波罗神庙附近建立了一所学校，取名为吕克昂。亚历山大逝世后（公元前323年），亚里士多德被放逐并卒于卡尔基斯。

在他大量的遗作中，我们将重点关注《物理学》，此书有八卷，是我们找到的关于无限的最丰富的资料。公元前1世纪左右，生活在罗兹岛的安德罗尼珂将亚里士多德在不同时期撰写的有关物理学的散篇收集起来，合成作品集，《物理学》便是其整理的成果之一。亚里士多德是古希腊第一位研究无限概念及其存在可能性的哲学家。以前的哲学家在讨论其他主题时提及无限，但从未给出无限的确切定义。

亚里士多德从两个角度给出了无限的定义：第一，无限是一个成长过程或无限细分过程（这时无限是一种力量）；第二，无限是一个整体或统一体，真正的没有限制（这时无限是一种行为）。"潜无限"概念关注永远前进的可能性，强调没有终点的无限循环。然而，亚里士多德拒绝接受行为上的无限。他承认数学存在的同时又否定无限的物理存在。他声称，我们所认识的事实世界是有限的，而我们所知道的无限空间和数字的无限细分都只是潜在的。一个没有终点的迭代过程，比如在最后一个数字上增加一个单位来生成自然数，这是一种无限的潜力，只是因为在我们停止的任何瞬间，实物的数量都是有限的。不存在一个数字加上另一个数字等于无限大，因此事实上不存在无限大的数字。

根据亚里士多德的说法，我们不能将自然数作为一个整体。然而，它们是潜无限的，因为我们总能找到更大的有限集合。他对实无限和潜无限的区分引发了一场贯穿哲学史和数学史的争论。

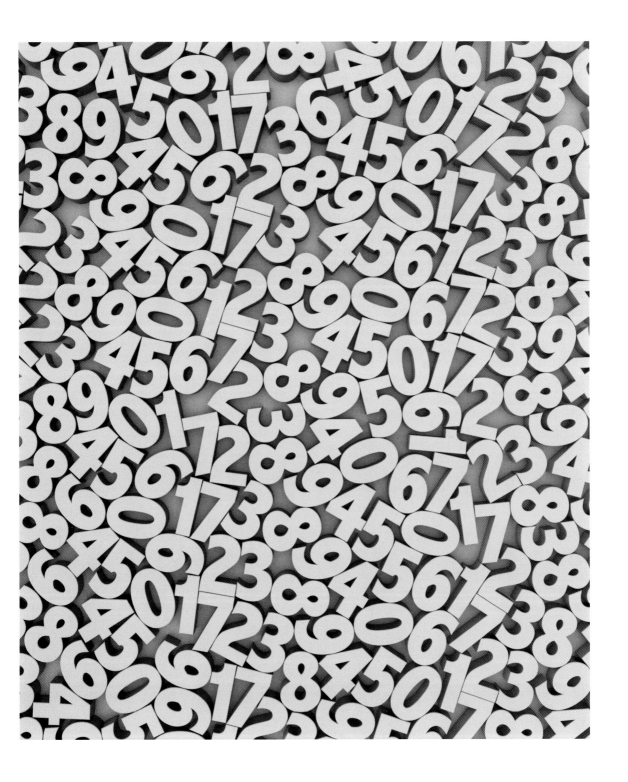

伏尔泰和无限

弗朗索瓦-马利·阿鲁埃，也就是众所周知的伏尔泰（1694—1778），是法国作家和思想家，也是启蒙运动的主要代表之一，启蒙运动时期强调理性、科学和人文的力量。

在他的反思中，伏尔泰提出了两种无限——无限的时间和无限的空间。他曾质疑，作为有限存在的人类是否能够准确地认识到什么是无限，他将这种矛盾描述为："什么东西永恒地进行着，却没有前进；一直计算着，却没有总和；永恒地分裂着，却没有达到不可分割的粒子状态？"

在伏尔泰看来，无限不可能不存在。有证据证明无限的时间已经逝去。重新开始是荒谬的，因为一切都不能重新开始。这体现了时间的无限性。在他的思想中，伏尔泰提出了以下反思："我区分了两个永恒，一个在我之前，另一个在我之后。荒谬的是，无论我在脑海里怎样想，我发现我已经将我所想的说出口了，而在我这样说话的那一刻，永恒便会持续下去，时间滚滚向前。时间是不可分的，就像有些东西一旦存在，那么它们就会永远存在。无限的时间持续不断。即使我说时间流逝了，但在我说话这一瞬间，无限已然存在。时间从我开始，从我结束，但时间的持续无限。"

伏尔泰还提出了无限空间的概念，但并没有质疑空间本身。空间到底是存在还是虚无？没人敢称它为"虚无"，也没人给出空间的定义，但人类知道空间是存在的。依靠我们当前的智慧还无法理清空间的本质及其宿命；我们暂且认为空间是无边无际的，因为我们还不知道如何测量其大小。

伏尔泰认为，由于人类本质上是有限的，所以很难理解时间的无限性。

哲学　　　　　　　　# 直觉主义

　　19世纪后期，关于无限的各种悖论和发现引发了人们对哲学基础和数学逻辑的极大兴趣。直觉主义是数学中的新兴流派，反对并否定古典推理中固有的真理部分，所以直觉主义符合所谓的"替代逻辑"。

　　荷兰数学家鲁伊兹·布劳威尔（1881—1966）采用了这种推理模式，他认为逻辑并非优于数学，而是依赖数学。在布劳威尔的数学概念中，数学对象和数学公理是由人类思维的直觉产生的。这一理念导致大部分古典数学被直觉主义否定，因为直觉主义否认一切非精神构建的产物。最明显的例子就是无限。

　　直觉主义并不支持将无限视为同时存在着无限的物体或无限的空间（实无限），但支持宇宙拥有无限的潜能，也就是宇宙可以无限地孕育万物。因此，直觉主义试图解决无限的存在给算术计算带来的问题。这一数学直觉的基本论点基于以下论断，即数学完全是由同一位数学家根据直觉用实体集架构而成的，在此基础上，其他数学家将继续建立一个清晰、精确、高效的计算体系。

　　数学对象被看作可以构建的对象，直觉主义者拒绝承认无限的存在，但承认潜无限存在的可能性，也就是说，给定一个集合，你可以用更多的元素构建另一个集合。

$$k_3 = hf(x_{i-1} + \frac{h}{2}, y_{i-1} + \frac{k_2^{(i-1)}}{2})$$

$$\frac{b_i - (\sum_{j=1}^{i-1} a_{ij} x_j^{(k)} + \sum_{j=i+1}^{n} a_{ij} x_j^{(k)})}{a_{ii}}$$

$$\Delta y_i = \int_{x_i}^{x_{i+1}} y' dx \quad \frac{b_i - (\sum_{j=1}^{i-1} a_{ij} x_j^{(k)} + \sum_{j=i+1}^{n} a_{ij}}{a_{ii}}$$

$$\int_{x_k}^{x_{k+1}} f(x, y) dx = \int_{x_k}^{x_{k+1}} y' dx = y($$

$$k_2 = \sqrt{(y_n + 0.5\tau k_1)^2 + (t_n + 0.5\tau)}$$

哲学　　　道

中国众多哲学流派之一的道家，起源可追溯到其创始人老子（公元前4世纪或公元前5世纪），老子著有《道德经》。《道德经》是一部关于中国文化的开创性著作，涉及东方政治、宗教和哲学。

《道德经》分为两部，第一部分是 37 章，第二部分是 44 章，老子用朴素简明的方式阐述了他的智慧，突出了人的自然性和自发性，展现了中华传统的神秘面貌，反映了其信徒的环保主义论和精神自由论。

道家确立了三种力量的存在：消极的阴，积极的阳，中庸之道。前两者相反相成；它们相互依存，作为整体发挥作用。道是一种更为强大的力量，是创造性的、无限的、不确定的、混乱的，万物万法的统一组成了道。对于道家来说，只有一个真理，即道是无限的，因此自然是无限的，这一事实使得宇宙在创造和毁灭的无限循环中永存不朽。

老子将道阐释为宇宙的自然法则，通过这种法则，每个人都可以超越生命的极限，从而实现不朽。需指出的是，老子这里所说的不朽并不是指西方的灵魂不朽，而是指对人体衰老趋势的掌控。道家把"不朽"解释为与环境共生的自我提升，据说与自然和谐相处的人是不朽的。因此，有人认为道家崇尚自然至高无上的权力，其追随者也成了首批的环境论者。①

---

① 这段关于不朽的论述是否符合老子的本义？老子说，死而不亡者寿。讲的就是道法自然，人与自然相和谐，从而达到不朽。这里的不朽，实际上也是精神不朽。

老子认为通过修身养性可以长寿，通过自身的修养可以使精神生命得以展开，这才是真正的长寿。这种永恒的存在就是人道合一境界的实现，世间的一切都是昙花一现，只有"道"是永恒的、不朽的。因此，领悟自然之道，实现人道合一境界的人，能够达到永生不朽的境界，使其精神超越时间、空间而万古长存。——译者注

② 这个不正确，禅宗是中国的，日本佛教也是从中国传过去的。

道教极大地影响了其他宗教信仰，尤其是中国佛教以及禅修，也就是西方人更为熟知的佛教的日本流派——禅宗佛教。②

哲学   **叔本华和意志**

    哲学家亚瑟·叔本华（1788—1860）摒弃了德国唯心论，在浪漫主义艺术领域产生了重大影响，并成为悲观主义的奠基人之一；哲学家弗里德里希·尼采曾在叔本华的作品中找到灵感。叔本华的主要著作《作为意志和表象的世界》体现了其思想的综合性，反映了他受到的多种影响，包括佛教和印度教东方哲学、柏拉图和康德的学说。

    在叔本华看来，现实可以用一种叫作意志的形而上学原理表示。意志是一种非理性力量，融合了自然、宇宙以及存在于这两者中的一切生命和实体。所有自然能量，包括自然力、动机和本能都体现了意志。

    受浪漫主义启发，叔本华将悲观主义表述为一种无限的、独特的、不可分割的意志。就意识到这一点的个人而言，人生的本质是痛苦。根据叔本华的说法，生活永远在痛苦和无聊之间摇摆。

    意志是无限的努力，是无限的动力，因此它永远不会带来满足或安稳。我们所说的幸福只是欲望的暂时休止。欲望是一种痛苦，是需求与缺乏的一种表达。幸福是免于痛苦、无欲无求。但很快幸福就变成无聊，于是欲望重生，从而开启永无止境的循环。

    1809 年，叔本华作为医学生在哥廷根大学学习，相继完成了几门课程，但他对柏拉图和康德的热爱促使他把兴趣转向了哲学、古典语言学和历史。

哲学

永恒回归

永恒回归是一种哲学学说，它将世界历史和个人发展理解为一个重复的过程。在永恒回归中，按照线性时间观，事件遵循因果规则。时间的有始有终又反过来重建这一规则。然而，与循环时间观不同，线性时间观不存在循环或其他可能的新组合。同样的事件只会按照相同的发生顺序重复出现，不会发生任何变化。

这一哲学概念在印度教思想中有例可援，并且被希腊哲学家（特别是赫拉克利特和毕达哥拉斯）所采用。后来，德国哲学家弗里德里希·尼采（1844—1900）明确提出永恒回归，他在其作品《快乐的科学》中指出，不止事件会重复，思想、感受和想法也会重复。这一观点后来在《查拉图斯特拉如是说》一书中被进一步阐述。

在《快乐的科学》一书中，尼采提出了如下的永恒回归：

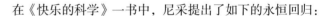

一个恶魔可能对你说：你必须再次经历并多次重复你的所有生活经历，也就是没有任何新意的重复，你生命中的每一份痛苦、欢乐、想法、叹息，以及一切无可言说、或大或小的事情皆会以同样的顺序在你身上重现。（……）或者告诉你，要实现对终极永恒的渴求，你需要怎样善待自己，善待生活！

尼采所说的这种可能性让我们感到恐惧，因为尼采所描述的生活枯燥乏味。但是，可以从另外一个角度来理解永恒回归。尼采将永恒回归视为一种生命观：生命应该激烈、完美，这样我们才不希望做出任何改变。这是一种伦理学说，不可悔改：如果你能得你所想，爱你所得，那么你也会渴望永恒回归。

弗里德里希·尼采深受叔本华思想和瓦格纳音乐的影响，对宗教的猛烈抨击使他声名鹊起。

符号学

符号学 　　　　　　　　藏传佛教无穷结

无穷结或吉祥结是藏传佛教的象征符号，也被称为"神秘的龙"，代表着佛祖赐予众生的无限智慧和无限慈悲。

无穷结对称、平衡且精妙，没有起点，也没有终点，封闭的结构象征着永恒和统一。在许多中国艺术作品中都可以找到这种符号，作为八大吉祥符号之一，无穷结代表着无限和长寿。它与传统的凯尔特结有相似之处，在世界各地的许多文化中都可以找到类似的符号，它们都是由封闭的几何线条交错而成，这使得无穷结几乎成为一个世界通用的象征符号。

对于佛教徒来说，无穷结提醒他们宇宙是相通的，许多未来的事情都植根于当下。对于无穷结的许多解读都涉及事物间互依互存的关系，例如智慧与怜悯、宗教与世俗、静止与运动等。

在藏族的传统中，无穷结是事物不断变化的象征。无穷结的线网让人联想到种种现象在因果循环中是如何相互联系的，即所谓的因果报应。无穷结代表着智慧和方法的结合。在怛特罗教（也就是密教）中，无穷结象征着女性能量与男性能量的结合，这一和谐的结合代表了无限的爱与无限的生命。

藏传佛教无穷结是八大吉祥符号之一，它没有起点也没有终点，象征着佛祖的无限智慧。

曼荼罗

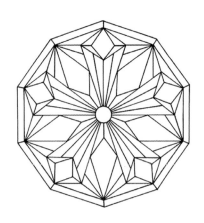

"曼荼罗"一词源于梵文，通常指"神圣的或神奇的圆"。曼荼罗是一个同心的对称图形，图中的元素都环绕轴点等距分布。由于其神秘的象征意义，曼荼罗图案被用于建筑和佛教视觉作品中。寺庙的平面图也呈曼荼罗形，一般为正方形，分为八个部分，每个部分都供奉一位神佛，比如爪哇的婆罗浮屠寺。

在中世纪的欧洲和其他文化、文明中，可以发现与曼荼罗相似的图案，近年来由于亲东方的宗教和哲学趋势，曼荼罗对当代西方世界产生了极大的影响。这些图案之所以能流行，可能正如古希腊传统观点认为的那样，是因为同心图案代表着完美，而圆圈则让人们联想到自然循环的永恒轮回。

曼荼罗的"圆"代表了个体与宇宙及其无限性的结合，并且代表了完整性和整体性。曼荼罗从一个中心点向外延伸，并且可以继续延伸至无限大。此外，曼荼罗呈封闭状，代表着一个安全的地方，周围的线条则象征着保护屏障。

随着时间的推移，曼荼罗被用作冥想和祈祷的工具，也被用来诊断和监测某些心理疾病。西方世界之所以会对曼荼罗感兴趣，很大程度上要归功于心理学家卡尔·荣格（1875—1961）。荣格发现，曼荼罗的特殊性质对心理治疗有益，绘制曼荼罗能够帮助患者平复内心的混乱。今天，曼荼罗被用来缓解压力、减轻焦虑。教育专家认为，绘制曼荼罗有助于培养直觉力和创造力，也有助于表达某些原本无法表达的思想和情绪。通常，人们会先从代表个人的中心开始上色，再给代表无限的外部上色。但也有可能正好相反，先给代表一切及抽象的外部上色，再给代表个人和具体的中心上色。

卡尔·荣格把曼荼罗引入西方世界，他坚信运用曼荼罗能够帮助我们表达内心的自我，并分析我们的个人情况。

符号学　　　　迷宫

迷宫（拉丁语为 Labyrinthus，希腊语为 λαβύρινθος laby'rinzos）由道路和十字路口组成，结构巧妙复杂，有无数种设计，尤其是根茎式迷宫，变化无穷无尽。根茎式迷宫没有中心，没有外围，没有出口，小径互联互通。

根据中心和出口的不同，迷宫可以分为两类。第一类迷宫是经典迷宫或单迷宫：整个单迷宫内只有一条道路，可以到达迷宫的中心，也就是说，不可能选择其他路线，没有岔路，只有一个出口，同时也是入口。因为只能沿着一条路走，不存在迷路。第二类迷宫是复迷宫，路线很多，不管正确与否都能带你通往出口。

正方形或矩形迷宫是最古老的迷宫，在皮洛斯的石碑上和古埃及的墓葬中，可以找到第一批这种类型的迷宫。公元前 17 世纪末期，意大利伊特鲁里亚地区出现了圆形迷宫。3 世纪后期，圆形迷宫的图案被印在克诺索斯的硬币上，可能代表神话故事中为了将弥诺陶洛斯藏起来而让代达罗斯建造的克里特岛迷宫的地图。

目前人们认为，关于迷宫的神话来源于克诺索斯宫殿。这座宫殿结构复杂，房间众多，就当时宫殿采用的技术而言（如排水系统），在亚加亚人看来，实在是太复杂了。此外，在克诺索斯宫殿里发现了名为《双刃斧》的画作，这一发现有力支撑了上述观点，并且这座宫殿也因此画而得名。

公元前 1700 年，克里特岛上建造了克诺索斯宫殿。宫殿由多个建筑群组成，走廊互联互通，构成了迷宫的原型，在神话传说中则被称为"弥诺陶洛斯的巢穴"。

符号学

阿兹特克太阳石

太阳石是阿兹特克神话的重要组成部分，也是墨西哥人民最具代表性的象征符号。18 世纪晚期，人们在建造墨西哥新教堂（现在的索卡洛广场）的过程中发现了太阳石。这一石碑的确切原址尚不清楚，但可以肯定的是它曾置于特诺奇蒂特兰城的中央广场上，这里也是神殿、主要的宗教机构和政府机构所在地。太阳石石碑是一块玄武石大圆盘，直径为 11.77 英尺（约 3.6 米），重达 48 000 磅[①]（约 22 吨），上面雕刻绘制着精美绝伦的艺术图案。

太阳石通常被称为"阿兹特克日历石"，但它并不是日历，而是一个神圣日子的纪念石碑，纪念每 52 年举行一次的新火庆典。值得注意的是，太阳石上还刻上了 1479 年举办新火庆典的日期，以示纪念。

这一纪念石碑最大的特点是碑上的元素与时间的流逝有关。石碑上的五个同心圆环绕着中心图案，而中心绘着托纳提乌（太阳神）的脸，他的嘴里咬着一把刀，图案以玉作为装饰。周围的四个太阳代表着过去，用方形表示，而中间的圆则是第五个太阳，代表现在。下方是代表 20 天的圆，表示一个月的时间（阿兹特克日历有 18 个月，每个月 20 天，加上 5 天不吉利的日子），在旁边的圆则代表了四个基本方位和太阳。

外圈中绘刻了两条嘴巴大张、连在一起的火蛇。人们认为它们代表了太阳神托纳提乌和火神修堤库特里，外圈象征着繁星之空和黑夜之地，这里是太阳落下的地方，也有可能代表着太阳系所在的银河。对于阿兹特克人来说，银河代表着实现绝对一体化之前，人类所拥有的、最大的扩张力量。

---

① 1 磅 =0.453 592 37 千克。——译者注

14—16 世纪，阿兹特克人统治着墨西哥中部和南部，并建立起一个强大的帝国，因其卓越的组织管理而闻名于世。1325 年左右，特诺奇蒂特兰城（现在的墨西哥城）建立起来，成为阿兹特克的首都。

衔尾蛇

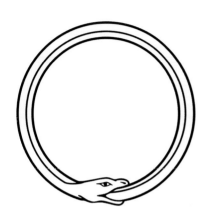

衔尾蛇（ouroboros）由希腊语中的"尾巴"（ourá）和"吃"（borá）组合而成。这是一个古老的符号，描绘一种吞食自己尾巴的蛇类生物，身躯呈圆环形。在一些古代的表现形式中，衔尾蛇会与希腊碑文"万物是一"（εν το παν）一起出现。这种符号有时也被描绘成两条相互撕咬的蛇。

衔尾蛇代表永恒轮回，也是循坏概念的一种表现，一旦结束，就会重新开始，毁灭的同时也意味着再生。广义上讲，衔尾蛇象征着时间和生命的延续。构成动物身体的圆环则隐喻循环重复与无限。

不同信仰和文明以衔尾蛇作为表现永恒宇宙的一个象征符号。在这个宇宙中，所有事物都在变化，最终回归原点。这个符号最早出现于古埃及和古希腊时期。在乌纳斯金字塔（公元前 2300 年）中的石棺内也发现了一些衔尾蛇符号的象形文字。衔尾蛇还以巨蛇约尔姆加德的形象存在于挪威神话中，它大到可以绕世界一圈后用牙齿咬住自己的尾巴。在炼金术中，衔尾蛇代表万物的统一及物质与精神的统一，这种统一永远不会消失，而是在毁灭与再生的永恒循环中改变形态。同样，炼金术中的衔尾蛇也代表了无限。根据基督教的解读，衔尾蛇还象征世界的两个维度（分别由圆环的内部和外部代表），蛇也是完美的诱惑形象。此外，圆环外的天空没有罪恶的存在，圆环内的一切都属于天国。

在不同的文明中，衔尾蛇的传统形象都是一条蛇或一条龙咬着自己的尾巴，形成一个没有尽头的圆环。

博罗米恩环

博罗米恩环由三个性质特殊的圆环相扣而成，极富象征意义：切断三个环中的任何一个环，其他两个环就会解开，但三个环并不会分开。实际上，用平环不可能做成博罗米恩环，但使用三角形或正方形是可以的。

博罗米恩环的名字出自赫赫有名的博罗米恩家族。事实上，米兰王朝的盾徽由三个三叶草形状的环组成，象征着与维斯康蒂家族、斯福尔扎家族之间的三方联盟。

博罗米恩环最早出现在 15 世纪的盾徽上。但是，早在博罗米恩环出现之前，例如在 2 世纪的阿富汗佛教艺术中，或 7 世纪斯堪的纳维亚神话的沃克纳特象征符号中，就可以发现与博罗米恩环相似的图案。希腊神话中也存在类似的图案。

作为力量和团结的象征，博罗米恩环被用在不同的场合中，特别是在艺术和宗教领域。例如，中世纪时，基督教曾用它来阐释三位一体的奥秘，即圣父、圣子和圣灵是同一个神。同样，凯尔特三曲腿图也是亚瑟王传奇中圆桌骑士团结统一的象征。

博罗米恩环代表着米兰的维斯康蒂、斯福尔扎及博罗米恩等贵族结成了不可分割的姻亲纽带。

符号学

古埃及象形文字之荷鲁斯之眼

公元前 2700 年左右，古埃及人引进了首个单位分数系统，即分子为 1，分母为正整数的分数，用于农业领域表面积和体积的测量。这些单位分数用荷鲁斯之眼的象形文字表示。

相传，在奥利西斯被弟弟塞特谋害后，奥利西斯的遗腹子荷鲁斯决定为父报仇，便向他的叔叔塞特提出挑战。一场可怕的战斗随即爆发。在战斗中，塞特挖下荷鲁斯的眼睛，并分成六块，撒在埃及各地。众神大会指示最高算数大师托特把各个部分收集起来，重新拼成荷鲁斯之眼。

托特收集到的荷鲁斯眼睛的六个部分分别代表单位分数 1/2、1/4、1/8、1/16、1/32 和 1/64，但这六个分数的总和并不是 1，而是 63/64。

随着时间的推移，缺失的分数在历史上被赋予了不同的意义。有人认为，在与塞特的战斗中，荷鲁斯将它遗失了；还有人认为，丢失的 1/64 代表了托特用来复原荷鲁斯之眼的魔法，这是一种信仰的体现。

然而，最有趣的理论是将缺失的 1/64 与追求无限联系起来。为什么不将前一个分数的一半依次相加，以此寻找丢失的 1/64 呢？事实上，按照托特所提出的分数数列，如果不断地依次加上前一个分数的一半，结果肯定是无限的，这可能正是荷鲁斯之眼缺失部分所代表的真实答案。

古埃及人使用单位分数（分子为 1）进行计算，如 1/2, 1/3, 1/4, …为了表示分子不是 1 的分数，埃及人将它写成不同单位分数的总和，因此，单位分数的和被称为埃及分数。

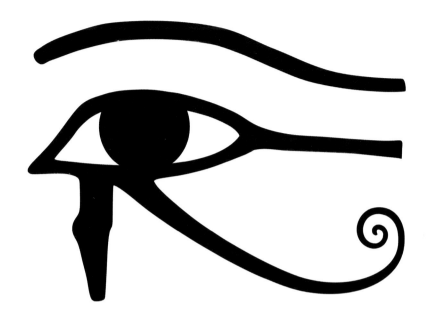

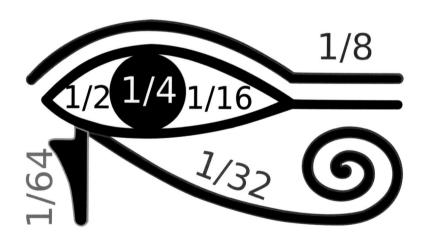

符号学

凯尔特人的三曲腿图

凯尔特人的通用元素是三曲腿图，这是为德鲁依保留的神圣符号。尽管德鲁依从事诸如司法行政、艺术与知识研究等多个领域的工作，但他们也是凯尔特人精神信仰的牧师。

"三曲腿图"（Trisquel）一词来源于凯尔特语族当中的布列塔尼语，意思是"三只翅膀"。符号的外圈是一个圆，代表着世界和无限，中间三个双圈螺旋组成了三个圆。这些螺旋拥有同一个起点，每个螺旋都象征着宇宙的一部分。数字三对于凯尔特人有着特殊的意义；它代表完美和平衡。

三曲腿图的具体含义尚未完全弄清，但它通常涉及太阳或星体崇拜、宇宙起始和终结、永恒进化和永久学习。它可以被视为运动和变化的象征。人们认为它也可以象征三种创造天地的原始力量或是三条源于原始海洋的生命之河。

经过多年的发展，三曲腿图被赋予了更多的含义。三曲腿图与凯尔特神话中的神圣三位一体有关，加上基督教传到了凯尔特人的领地，于是三曲腿图成了基督教三位一体的象征。其中，神圣三位一体指的是心灵、身体和精神之间的平衡，因为图案上的三个螺旋与外圈的圆相连，这既象征着存在，也象征着存在与万物之间的关系。

中国、印度和希伯来等文化中也使用类似于三曲腿图的符号。

哈赫，永恒之神

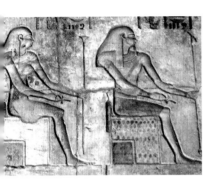

在埃及神话中，八神会指四对原始之神，代表的是不可分割的整体。他们集体行动，体现了创世之前原始流动的混乱的本质。第一对原始之神是努恩和纳乌奈特，代表"原始水域"或"混沌"；第二对是哈赫和哈屋赫，代表"无限空间"或"无限"；第三对是库克和库克特，代表"黑暗"；第四对是尼亚和尼亚特，代表"生命"。第四对神有时被代表"神秘"的泰内姆和泰尼梅所取代，后来由代表"神秘原则"的阿蒙和阿蒙奈特取代。

正如我们所见，哈赫意味着"无限"（它的女性形象是哈屋赫），是无限的神圣化身，代表着永恒的时间。八神中的所有男性形象为青蛙或蛙首人身，而所有的女性形象为蛇或蛇首人身。最常见的表现形式是一个男人跪在象征金子的符号上，双手（或单手）紧握棕榈树干，有时是头上戴着棕榈树环，因为棕榈树对埃及人来说代表长寿。每座八神像的底部都有象征着无限的圆环，手臂上通常放置着带柄的十字架。

在象形文字中，哈赫代表百万，在古埃及，百万几乎等于无限大。因此，哈赫神也被称为"百万年之神"，象征着永恒。

法老在世的时候供奉无限之神，祈求死后无限之神能赐予他们永生。

符号学

业（因果报应）：种瓜得瓜

从广义上讲，业可以理解为宇宙的因果规律。梵语中的业指引发整个因果循环的行为，这里的因果循环被称为轮回。业是一种不可估量的超能力，一种无形的力量，源于个人行为。业是佛教、印度教、耆那教和其他印度宗教的基本信条。虽然这些宗教对业的概念有着不同的理解，但它们有共同的解释基础。

业将人类的现状解释为过去所做的好事或坏事的结果。在印度教中，对应行为产生的结果由伊玛神负责，而在佛教和耆那教（没有控制神）中，这种结果被视为一种自然规律。

根据这一教义，每个人都可以自由选择行善或行恶，但必须承担其行为的后果。对于印度教和佛教来说，业不仅关乎身体行为，还包括动作、语言和思想这三种引发结果的因素。

根据业力法则，个人生活中的行为将不可避免地影响来世生活，因为一生不足以体验所有的因果报应（因善行"享福"或为罪行"赎罪"）。佛教坚信没有无缘无故的快乐，也没有无缘无故的惩罚，宇宙对万物自有公正的定夺。印度教认为人类灵魂的存在需多次借助物质载体——人的躯体。从最高的天堂到最低的地狱，灵魂根据积累的善行或恶行以较高、中等或较低的方式转世，度过一生。只有满业之后，才能逃脱轮回这个持续的过程。

根据业力法则，所有行为，无论好坏，产生的结果创造了现在以及未来的生活，并使人们为自己的生活负责。

凤凰

凤凰是神话中的一种不死鸟，可以浴火重生。根据神话，它的大小与雄鹰相似，羽毛上会发出红色、橙色和黄色的光辉，喙和爪力量巨大。地中海沿岸的古代文化流传着不同版本的传说。古埃及人最先谈及贝努鸟，这是希腊凤凰的原型。与其他文明的神话相反，在埃及神话中，凤凰既不具有掠夺性，也不是热带鸟，它更像普通的鸟或鹤，常出现在水中，而不是火里。

凤凰之美无与伦比，一些版本称它每隔一千年就会从灰烬中重生，另外一些版本则称间隔时间为五百年，无论哪种版本，人们都认为，凤凰会在特定的时间焚身于火焰。当凤凰感觉到生命即将结束时，它会收集檀香、乳香、豆蔻、雪松以及其他树木和草药的枝丫，然后在棕榈树冠上筑一个巨大的巢穴。最后，它冲向天空，展开靓丽的翅膀，任凭太阳光点燃巢穴，凤凰在火焰燃烧的同时唱着动听的歌曲，直到一切都化为芳香的灰烬。一颗蛋出现在火后的余烬之中，经过太阳光的孵化，三天后蛋壳破裂，新的凤凰涅槃重生。

除了在那些宗教当中具有象征意义之外，它也被基督教神话所采纳。在基督教神话中，凤凰出生在伊甸园的禁树之下。当亚当和夏娃被驱逐出天堂时，天使火焰之剑的火花落入了鸟巢之中，点燃了鸟巢。凤凰是唯一能抵抗住诱惑的动物，也因为忠诚得到了永生的馈赠。从那时起，它就可以浴火重生。

这种神话中的生物象征着精神和肉体的重生，象征着纯洁和不朽。希腊人给它命名为红鹳（意为"红色的翅膀"）。动物学家用这一术语来指代火烈鸟。

符号学

永恒青春之泉

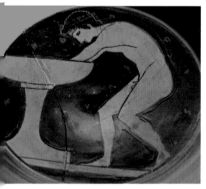

神话中的青春之泉象征着不朽和永恒的青春，这在许多文化的古典神话和中世纪神话中频频出现。传说青春之泉在伊甸园，饮用泉水或在泉水中沐浴可以治愈疾病，恢复活力。

自古以来，关于神秘泉水位置的讨论从未停止。在希罗多德讲述的传说中，他首次提到青春之泉位于埃塞俄比亚的某个地底深处。古希腊人认为，生活在非洲中部的埃塞俄比亚人总体上都非常长寿，而这个传说试图解释这一现象。

《亚历山大的小说》中出现了与青春之泉有关的故事，直到文艺复兴时期，许多寻宝者为了找到泉水的确切位置仍然在阅读《亚历山大的小说》。在东方版本的传说中，提到了"生命之水"，传说只有穿过"黑暗之地"才能找到这一源泉，而"黑暗之地"是高加索神话中的一块虚构之地，据说那里是怪物和幽灵的家园。亚历山大大帝所著传说的阿拉伯版本在穆斯林时代及穆斯林时代之后的西班牙非常流行，并且为前往美国的征服者所熟知。

有关神奇之水的传说在加勒比土著居民之中广为流传，这些传说演变成了殖民时期的神话。土著部落大谈比米尼神话之泉的治愈力量。这个传说在 16 世纪更为流行，这与当时的西班牙探险家胡安·庞塞·德莱昂有关。根据一个融合欧亚大陆和新大陆元素的传说得知，1513 年，庞塞·德莱昂在探寻青春之泉的过程中发现了现在的佛罗里达。

几千年来，人类一直梦想着找到永葆青春的泉水以祛百病，得永生。

图片来源

图书在版（CIP）数据

无穷的奥秘：探索界限的宇宙谜题 /（西）安东尼奥·拉穆阿编；游振声，许祺苑，陈晓霞译 . -- 重庆：重庆大学出版社，2022.11

（懒蚂蚁系列）

书名原文：Secrets of Infinity：150 Answers to an Enigma

ISBN 978-7-5689-3573-9

Ⅰ.①无… Ⅱ.①安… ②游… ③许… ④陈… Ⅲ.①宇宙—通俗读物 Ⅳ.① P159-49

中国版本图书馆 CIP 数据核字（2022）第 189577 号

无穷的奥秘
探索界限的宇宙谜题

WUQIONG DE AOMI

TANSUO JIEXIAN DE YUZHOU MITI

［西］安东尼奥·拉穆阿（Antonio Lamúa） 编

游振声 许祺苑 陈晓霞 译

责任编辑：赵艳君 钟 祯 版式设计：原豆文化

责任校对：谢 芳 责任印制：赵 晟

*

重庆大学出版社出版发行

出版人：饶帮华

社址：重庆市沙坪坝区大学城西路 21 号

邮编：401331

电话：（023）88617190 88617185（中小学）

传真：（023）88617186 88617166

网址：http://www.cqup.com.cn

邮箱：fxk@cqup.com.cn（营销中心）

全国新华书店经销

天津图文方嘉印刷有限公司印刷

*

开本：787mm×1092mm 1/16 印张：19.75 字数：483 千

2023 年 1 月第 1 版 2023 年 1 月第 1 次印刷

ISBN 978-7-5689-3573-9 定价：98.00 元